# 数码摄影基础教程

黎大志／吕 不 编著

苏州大学出版社

图书在版编目（CIP）数据

数码摄影基础教程 / 黎大志，吕不编著. —苏州：苏州大学出版社，2013.11（2024.7重印）
ISBN 978-7-5672-0684-7

Ⅰ.①数… Ⅱ.①黎… ②吕… Ⅲ.①数字照相机-摄影技术-教材 Ⅳ.①TB86②J41

中国版本图书馆CIP数据核字（2013）第258131号

## 数码摄影基础教程

编　　著 / 黎大志　　吕　不
责任编辑 / 方　圆　　吴　钰
策划编辑 / 薛华强
整体设计 / 吴余青
封面设计 / 吴余青　　彭怡轩
封面摄影 / 黎大志
排版设计 / 彭怡轩　　杨　鎏
出版发行 / 苏州大学出版社
地　　址 / 苏州市十梓街1号
邮　　编 / 215006
电　　话 / 0512-65225020 / 65222617（传真）
网　　址 / http://www.sudapress.com
印　　刷 / 苏州工业园区美柯乐制版印务有限责任公司
开　　本 / 787 mm×1 092 mm　1/16
印　　张 / 12.5
字　　数 / 246千
版　　次 / 2013年11月第1版　2024年7月第3次印刷
书　　号 / ISBN 978-7-5672-0684-7
定　　价 / 48.00元

版权所有／侵权必究

# 目录

序

## 壹／开门见山——绪论

- 2　关于摄影
- 9　怎样拍出一幅好照片
- 12　探寻平凡中的精彩

## 贰／略知一二——史论篇

- 24　摄影术的发明
- 29　摄影史上的三个时代
- 34　照相机的种类与演变

## 叁／利器先行——基础篇

- 46　数码相机
- 59　数码单反相机
- 79　数码单反相机镜头

## 肆／万变不离其宗——理论篇

- 94　构图
- 112　光线
- 127　色彩

## 伍／有的放矢——应用篇

- 136　新闻纪实类摄影
- 146　商业广告类摄影
- 154　艺术创作类摄影

## 陆／锦上添花——后期处理篇

- 166　图像处理软件介绍
- 170　照片尺寸大小调整
- 175　照片颜色调整与黑白照片制作
- 179　移除杂物与污点修复
- 183　透视调整与自动接片

188　**参考资料**

189　**后记**

# 序 /

　　在当今世界，特别是在当今中国，随着国力增强、民生改善，人们的物质文化生活日趋丰富，摄影已成为许多人热衷的一种生活方式。摄影器材日新月异的发展使摄影不再神秘，人人都可以拍，也能拍出一些不错的图片。但摄影本质上不仅仅是一门技术，更是一门艺术。高档相机可以自动拍出高品质的照片，但它不能自然产生好的摄影艺术作品。一幅好的摄影艺术作品，应当有一个好的拍摄主题和与之相应的艺术表现方式。它需要摄影者用锐眼观察、心灵发现和艺术展现。因而，进一步了解摄影并拍摄出好的摄影作品，已是高校学习摄影课程的大学生、摄影专业人士和广大摄影爱好者共同关注的事情。

　　本书作者在多年钻研国内外摄影书籍以及大量摄影教学和实践的基础上，结合近年来摄影专业研究生与本科生摄影课程教学的专题讲座提纲、课程教案与论文作品，并考虑到广大摄影爱好者的需求，而编著了本书。在编写过程中，作者一方面总结、梳理了摄影发展的大致脉络，并提炼了有关摄影理论；另一方面，致力于理论指导实践，在实践中强调运用理论和发展理论。本书写作有如下三个特点：一是注重理论的系统性和创新性。作者认为，不能就摄影自身的范畴讲摄影理论。摄影理论的发展不仅仅与摄影的方法和实践有关，还与美学理论、设计法则甚至与哲学思维相关。比如一般摄影教材将主题与构图分别讲述，构图仅指镜头画面中各要素的空间布局，容易造成内容和形式的脱节。而本书将主题与构图合为一体来阐述，较好地体现了摄影内容与形式的统一，在一定程度上完善了摄影理论。又如，就构图的形式美而言，本书不仅列出了典型的构图方式，而且总结了构图生成美的法则，如对称与均衡、对比与调和、节奏与韵律，较好地反映了视觉审美习惯与视觉冲击的结合。二是注重摄影实践的理论指导性和可操作性。本书将各类摄影总结为三类：新闻纪实类、商业广告类和艺术创作类，并对每类摄影分别介绍了有关理论和拍摄方法。比如，对新闻摄影强调要尽可能体现新闻要素（何时、何地、何人、做什么、为何、怎样）；对旅行摄影提出了人景结合、过程和结果拍摄结合、抓拍和摆拍结合的原则。此外，本书还专章介绍摄影器材，并在全书中均采用图文并茂的方式，来具体阐述摄影理论及运用。三是注重读者的广泛性和文字的简洁性。本书在理论介绍时注意系统全面，有一定的深度，同时又注意深入浅出，归纳总结，力求简单明了，通俗易懂，既有利于指导读者在实践中解决实际问题，又方便读者提升摄影理论修养。因而，本书不仅可作为高校大学生学习摄影课程的教材，同时也可供摄影专业人士和广大摄影爱好者参考。

编著本书不是为了描述摄影史，也不是汇编摄影理论和资料，更不是为了介绍作者的摄影作品，从很大程度上来讲，作者是在努力尝试写一本将摄影艺术真正让更多人能读明白的书。本书编著的过程，是作者一个再思考、再斟酌、再研究的过程，实际上也是作者一个阶段性的研究成果。作者把它呈现给大家也是为了抛砖引玉，使更多的人来深入地了解摄影，热爱摄影，进而产生更多的摄影理论和摄影作品成果。艺无止境，摄影永远是一门遗憾的艺术，限于作者的水平，本书难免存在需要进一步完善的地方，诚请广大读者批评指正，以便再版时改正。

癸巳年秋
于岳麓山下艺术高地

三清霞蔚　摄影：黎大志

# 壹／开门见山——绪论

关于摄影
怎样拍出一幅好照片
探寻平凡中的精彩

## 1.1 关于摄影
### 1.1.1 摄影的概念

摄影，英文称"Photography"。这一词来自西方，源于希腊语"photo"（光）和"graphy"(描绘)两个词的组合，意思是"用光描绘"。这是1839年法国人达盖尔发明摄影术时，英国科学家赫谢尔爵士给这种新技术所取的名字。从这个意义上讲，摄影就是借助光线对客观对象进行描绘而产生于一定媒介上的一种视觉记录。简单地说，摄影就是记录光和影。

图片1-1　夕照芙蓉镇　摄影：黎大志
图片说明：金秋十月，夕阳照在芙蓉镇上，群山尽染，炊烟缭绕，繁华的古镇又恢复了宁静和自然。

摄影是一门视觉艺术，摄影师的工作是充当一个人的视角，见证身边发生的事件，描绘我们所观察到的一切，体现摄影作品能够准确地反映客观现实这一属性。

摄影的出现，使得人类的历史记录了许多情感和客观因素，保留了大量鲜活的历史影像，这些影像不是文字所能全部代替，摄影使历史有了生动而直观的现场感，这一切，在摄影术发明之前是难以想象的。广角镜头下所获得的变形的视觉形象、高速摄影下的极短瞬间、显微镜下的微观世界、夜间的红外摄影、海底深处的水下摄影等视觉形象，也是在以眼睛作为唯一观察途径的过去无法展现和设想的。照相机通过各种镜头和各种感光材料,不仅可以记录与人眼相同和不相同的视觉形态或形象,还能记录人眼根本看不到的世界。可以说,摄影不仅反映人类的视觉观看途径,而且带来全新的视觉传达方式。它打破并且远远超越我们人眼的视觉极限,极大地拓宽了我们人眼所能达到的视觉范围。有了摄影这一全新的技术手段,我们的"视觉"便变得无限丰富和精彩了。

### 1.1.2 摄影的作用

摄影作为一种技术手段,从发明到现在有170多年了,在这170多年的历史中,摄影已从最初的简单人像和风景记录发展到了扩散在各个领域的实用范畴。摄影的意义在于用摄影这种表现形式,展现现实世界,展示美的发现,表达思想情绪,反映艺术追求,体现精神境界。对于摄影,不同的人、不同的领域有不同的理解,正如"一千个人眼中有一千个哈姆莱特"一样。因为不同的理解,最终成就了摄影领域的不同成就和不同的流派。

从科学技术领域来看,摄影的成像原理是影像通过光学镜头记录在感光材料上,进而可以获得永久的影像。如果没有科学技术的参与,摄影也就无从谈起。与此同时,科技摄影也直接应用于科技工作的拍摄活动。它为科学工作者收集资料、分析图像和鉴定成果服务。由于科技摄影拍摄的对象不同,所需要的摄影器材和拍摄方法也各不相同,常见的有航空摄影、显微摄影和红外摄影等。

图片1-2 航空摄影 地球东半球　　图片1-3 航空摄影 地球西半球　　图片1-4 显微摄影

图片说明:美国宇航局最近拍摄的高清晰地球照片展现出我们的地球有着令人惊讶的美丽。这两张照片包括了陆地表面、极地海冰、大气环流甚至是城市灯光等景观。

摄影:盖尔·德兰格(Geir Drange)
图片说明:显微摄影下拍摄的红蚂蚁带着它的幼虫。

从社会学领域来看,摄影是一种以社会学意义为目的的记录工具。摄影师采用拍摄照片的方式来记录和揭示社会现象,达到反映生活和改变现状的目的。20世纪初,美国摄影家刘易斯·海因拍摄了《童工》的照片,促进了世界上第一个反童工法的诞生。20世纪末,中国摄影家解海龙的希望工程《我要上学》的作品,使得成千上万将要辍学的孩子重新有机会走进学校,从此改变了他们的人生轨迹。

图片1-5 童工 摄影：刘易斯·海因

图片说明：美国著名摄影家刘易斯·海因目睹了资本主义工业发展中对童工的残酷压榨，便偷偷带着相机混在上工的人群中到工厂里拍照。海因的这些作品，引起了社会的广泛关注，促使美国政府制定了《童工保护法》。海因的摄影，推动了社会的进步。

图片1-6 我要上学 摄影：解海龙

图片说明：1991年5月，7岁的苏明娟是张湾小学一年级的学生。《中国青年报》摄影记者解海龙到金寨县采访拍摄希望工程，跑了十几个村庄，最后来到张湾小学发现了课堂上的苏明娟，一双特别能代表贫困山区孩子渴望读书的"大眼睛"摄入他的镜头。这幅画面题为"我要上学"的照片发表后，很快被国内各大报纸杂志争相转载，成为中国希望工程的宣传标志，苏明娟也随之成为希望工程的形象代表。也就是这张照片，改变了她本人和成千上万失学儿童的命运。

　　从商业领域来看，摄影是一种最重要的广告传播手段和媒介。商业摄影主要是以商品为拍摄对象，通过反映商品的形状、结构、性能、色彩和用途等特点，从而引起客户的购买欲望，打造商家自身的商业价值形象。在当下流行的网络购物中，摄影成为商品展示的重要载体，图片品质的优劣很大程度上决定了商品营销的成败。

 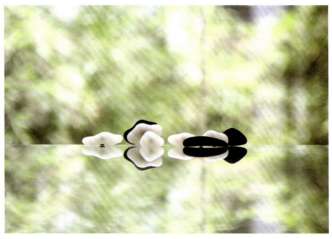

图片1-7 商业摄影 服装 摄影:吕不　　　　　　　　　图片1-8 商业摄影 玉 摄影:吕不

　　从艺术学的领域来看，摄影是一种艺术创作的手段和表达艺术特征的方式，摄影作为新的一种媒介，越来越受到艺术家、收藏家重视和大众的青睐。他们使摄影的表现形式多样化，从传统影像到数码技术，不同技术的表现形式传达出艺术家不同的思想与情感。摄影毫无疑问是一门艺术，但每个摄影人不一定都是艺术家。只有一个人的拍摄作品源于生活而高于生活，让人产生美感、思考和共鸣，才可以称之为摄影艺术家。

图片1-9 领头羊 摄影：黎大志

图片说明：领头羊，是在羊群优胜劣汰自我竞争中脱颖而出者，因而具有天然的崇高威望，是"权"和"威"二者的自然合一。作者以独特的视角，记录下了领头羊在羊群中的地位和气质。

图片1-10 失控 摄影：吕不

图片说明：当今社会城市化、工业化的发展，城市人口的激增，消费文化的盛行，促使工厂生产出越来越多的生活必需品来满足需求，而被消费后的它们最终成为被抛弃的对象。生产越多，抛弃越多，最终会导致垃圾围城等失控场面。

### 1.1.3 摄影的分类

摄影的分类与摄影的发展历史有着极其密切的联系。从一开始被用于绘画领域，到如今已广泛运用于各个领域，如生产、生活、文化、商业、科技、军事等。

从宏观的角度来看，摄影可以分为三类：新闻纪实类、商业广告类和艺术创作类。

**新闻纪实类：**

新闻纪实类摄影，是以记录生活现实为主要诉求的摄影方式，素材来源于生活，真实反映我们所看到的现象，因而，新闻纪实摄影有记录现实和保存历史的价值，是社会发展的见证者。

图片1-11 新闻摄影 2010北京马拉松起跑仪式 摄影：吕不

图片1-12 民俗摄影 盛装集会 摄影：黎大志

图片1-13 社会记录摄影 赐福 摄影：黎大志

图片1-14 风光摄影 皇家庄园 摄影：黎大志

**商业广告类：**

商业广告类摄影，顾名思义是指作为商业用途而开展的摄影活动。一般包括产品广告、企业形象推介和特定商业活动宣传。

商业摄影的功能十分明确，就是为了宣传商品的形象，介绍商品的特点，引起消费者的购买欲。商业摄影所包含的范围非常广泛，与我们的生活息息相关。

壹 / 开门见山——绪论

图片1-15（左上） 产品摄影 瓷器 摄影：吕不
图片1-16（左下） 建筑摄影 上海世博会中国馆 摄影：吕不

图片1-17 商业人像 摄影：吕不

图片1-18 建筑摄影 中华回乡文化园 摄影：黎大志

7

**艺术创作类：**

艺术创作类摄影是以摄影为媒介，摄影家进行艺术创作的一种手段，是以独特的视角和技术手段发现生活中的美、展现内心的情感和创造新的美学表达。

常见的艺术创作摄影包括画意摄影、观念摄影和抽象摄影等方式。

画意摄影是以其唯美的画面语言，表达类似于绘画的表现形式及意境的一种摄影方式。观念摄影是指通过摄影创作展现某种生活现象，传递某种思想观念，引发透过现象的深层次思考。抽象摄影是非具象、非理性的视觉形式的摄影表达，它往往以具象局部提取及其变形或夸张的几何形式出现。抽象摄影和观念摄影往往不是给出一个答案，而是有多种可能性的指向，让观众自己去悟会和想象。

图片说明：这幅作品是作者以酒店吊灯为对象摇晃拍摄而成，在按下快门的同时，经过多次尝试找到一定规律。这样的拍摄方式既可以表达对拍摄对象的流动、放射、旋转及其组合印象，更可以是抽象的美轮美奂的图案和空间构成。

图片：1-19　情网　摄影：黎大志

图片1-20　幸福摩天轮　摄影：刘韧

图片1-21　游园——榴开百子　摄影：刘韧

图片说明：作品是我的独角戏。我自编自导自演自言自语自娱自乐，演的是我不死的欲望，演的是平凡疲惫生活中的英雄梦想。这是我的私密花园，是仅仅属于我一个人的空谷，我是这儿的主人，有绝对的权利，给予万物灵魂。这里没有遗憾，超越了时间、空间，甚至肉体。画面中动物、植物只是披了不同外衣的同样灵魂。我在其中顽童般快乐地驰骋，随心所欲，为所欲为，享尽繁华。这里没有束缚，自由自在。

## 1.2 怎样拍出一幅好照片

拿起相机的那一刻,谁都想拍出一张好照片,留下精彩的、有意义的瞬间。对于摄影,每个人都有不同的拍摄方式和理解,而这种方式和理解,很大程度上影响着摄影作品的优劣。初学者拿起相机往往不知道拍什么好,不知道从何处下手,或者见什么都拍。而专业摄影师则喜欢观察或思考,选择合适的光线和角度来表现想要的题材。那么什么是好照片、好作品?怎样才能拍出好照片、好作品?

图片说明:作者以瀑布下的岩石为前景,以瀑布为近景,以明暗、动静对比,表现了芙蓉古镇的空间美和水乡特色。

图片1-22 芙蓉洞天 摄影:黎大志

图片1-23 婺源农舍 摄影：黎大志

图片说明：《婺源农舍》是通过对水中倒影的拍摄，表现出油画的质感与肌理，从而产生似画非画的错觉感。

什么才是一幅好的作品？好作品就是那一时刻你在那个地方所拍摄到的完美画面。那一时刻靠你等待，那个地方靠你发现，那幅完美的画面靠你艺术展现。那一画面要么主题突出，要么视角独特，要么画面精美，要么拍摄技法高超，要么表达方式新颖，要么意境深远。

具体来说，首先是要选择或发现吸引人的主题和主体；其次是用合适的摄影方法与技巧来表达；第三是传递摄影师的情感并引发人们思考。最好能体现其首创性、画面完美性或难以复制性。

怎样才能产生好的作品？在摄影界有一句行话：一流摄影靠想法，二流摄影靠技术，三流摄影靠器材。这是前辈们多年来总结出的经验，有一定的指导意义。摄影师彼得·亚当斯（Peter Adams）说："摄影艺术与相机、器材设备无关，摄影是与摄影师有关的艺术，一部照相机不能拍摄出传世佳作，就像一部打字机无法写出一本经久不衰的小说。"现在摄影技术发展迅速，在全民摄影时代已经到来的今天，摄影器材在使用和操作上，都变得相对简单。摄影技术随着器材的大众化、简易化也变得没有那么复杂，那么最重要的就只有想法了。在一张好的照片里，应该是既能看出拍摄者的想法，又能看出拍摄的技巧，而器材是支撑想法和技术实现的平台。这三者是包含在一起的，缺一不可。而一个好的想法是一幅摄影作品区别于其他摄影作品的核心要素。

图片1-24 往事
摄影：黎大志
图片说明：作者在一次的旅行途中捕捉到这一画面。作品通过雕塑与雕塑旁怀旧的人的对比，让人一起回想那以前似曾熟悉的场景。

怎样才能产生好的想法？一是要多学习，研读摄影、绘画等优秀作品和有关理论，提升自身的艺术修养和审美能力。二是多思考，学会在画面中选择和表现主题，提高捕捉和选择的能力。三是要多实践，熟练运用摄影器材与技巧，提高作品的成功率和表现力。

有了好的想法还要掌握一定的摄影技术。所谓摄影技术，是指拍摄方法与技巧，是对所选题材的艺术表现形式和技术手段。具体而言，就是如何根据确定的题材来选择构图、用光、色彩等技术手法。

最后还需要有作品达到一定品质的摄影器材。好的摄影器材确实能够拍出画质非常好的图片。"工欲善其事，必先利其器。"如今数码相机已经是主流器材，像素和成像质量越来越高。现在还有一个新的趋势，手机也具备了数码相机的功能，画质显著提升，有取代一般数码相机的趋势。

图片1-25 静泊 摄影：黎大志
图片说明：作者通过拍摄早晨风平浪静的帆和影，来表达自然的宁静和拍摄者的心境。

图片1-26 佳能相机群

图片1-27 手机摄影作品 烟熏鱼 摄影：吴余青　　　　　　　图片1-28 手机摄影作品 静物
作品说明：手机摄影作为新的摄影形式，随着数字技术与网络平台的发展，它　　摄影：吴余青
以使用范围最广泛、传播途径快捷，被大众所使用。

## 1.3　探寻平凡中的精彩

著名艺术家罗丹说过：世界上并不缺少美，而是缺少发现美的眼睛。平常生活中并不缺乏美的景色、动人的场面和特别值得纪念的时刻，只要我们善于发现、敏锐捕捉、艺术表达，就能抓住平凡中的精彩。

这种精彩可以是自然之美、人性之美、和谐之美，还可以是构成之美、色彩之美、黑白之美、质感之美和抽象之美等。

### 1.3.1　发现自然之美

图片1-29 又见彩虹 摄影：黎大志　　　　　图片1-30 雾锁烟迷 摄影：黎大志

照片1-31 回家的路 摄影：黎大志　　　　　图片1-32 落日余晖 摄影：吕不

### 1.3.2 发现人性之美

图片1-33 爱永恒 摄影：黎大志

图片1-34 母爱 摄影：黎大志

图片1-35 亲昵 摄影：黎大志

图片1-36 父爱 摄影：黎大志

### 1.3.3 发现和谐之美

图片1-37 工业文明
摄影：黎大志

图片1-38 绿色城市
摄影：黎大志

图片1-39 繁华夜市
摄影：黎大志

图片1-40 沙漠夕阳
摄影：黎大志

## 1.3.4 发现构成之美

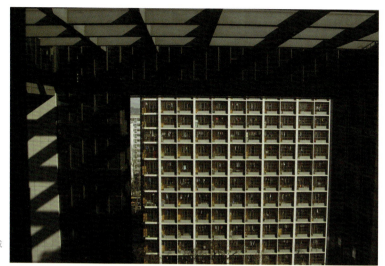

图片1-41　空间构成
摄影：黎大志

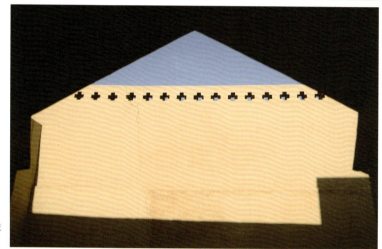

图片1-42　形色构成
摄影：黎大志

图片1-43　朝圣之门
摄影：黎大志

图片1-45 上海世博会德国馆室内一 摄影：吕不

图片1-44 天高任鱼翔 摄影：黎大志　图片1-46 上海世博会德国馆室内二 摄影：吕不

## 1.3.5 发现色彩之美

图片1-47 东欧秋景 摄影：黎大志

图片1-48 边城夜景 摄影：黎大志

## 1.3.6　发现黑白之美

图片1-49（左上）　校园风景　摄影：黎大志　　图片1-50（右上）　逝去　摄影：黎大志

图片1-51（左下）　驿站　摄影：黎大志　　图片1-52（右下）　白雪皑皑　摄影：黎大志

## 1.3.7 发现质感之美

图片1-53（左上） 齿轮 摄影：吕不　图片1-54（右上） 小溪水淌 摄影：黎大志

图片1-55（左下） 上海世博会英国种子馆 摄影：吕不　图片1-56（右下） 斑斓河岸 摄影：黎大志

## 1.3.8 发现抽象之美

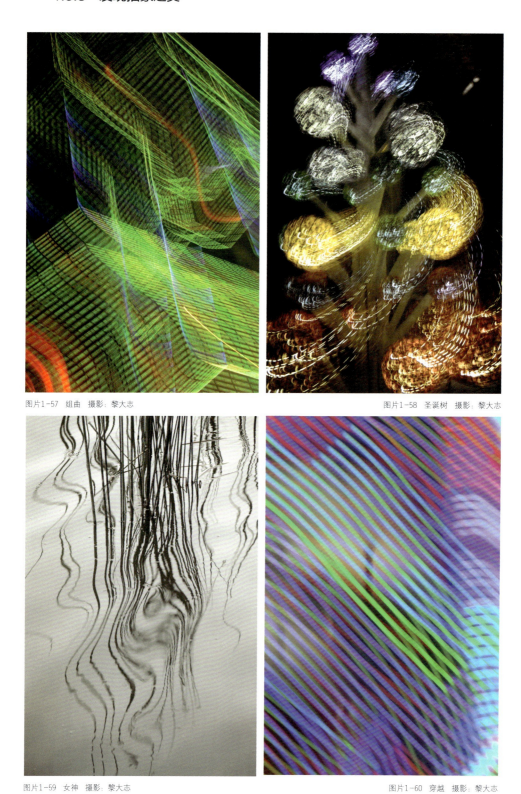

图片1-57 组曲 摄影：黎大志

图片1-58 圣诞树 摄影：黎大志

图片1-59 女神 摄影：黎大志

图片1-60 穿越 摄影：黎大志

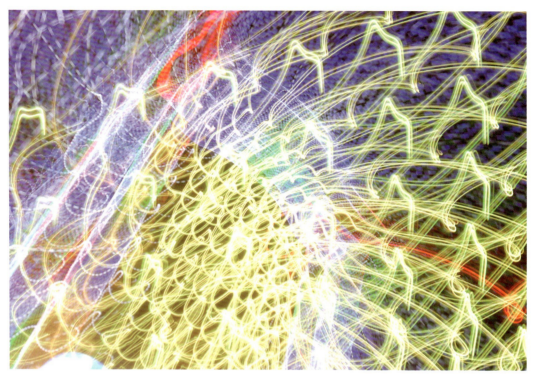
图片1-61 向日葵 摄影：黎大志

图片1-62 丰收曲 摄影：黎大志

五彩滩　摄影：黎大志

# 贰／略知一二——史论篇

摄影术的发明
摄影史上的三个时代
照相机的种类与演变

## 2.1 摄影术的发明

摄影术的诞生有两个基本条件：一是需要具有光学成像特性的暗箱；二是需要具有光学记录特性的材料。摄影术的诞生，是人类经过长时间研究与探索的结果，是近代工业革命时代的产物。

### 2.1.1 从小孔成像说起

公元前4世纪，中国的墨子留下了他当时针对光线观察的记录，他注意到：物体的反射光线透过一个小孔投射到一个黑暗表面时，在这个黑暗表面上得到物体的一个倒立影像。这个发现记录比欧洲人早1000多年。

公元16世纪60年代，意大利人巴布罗注意到使用一个镜头代替小孔，影像的清晰度和亮度都能得到加强。他也曾经对相机做过最早的描述：如果在一个盒子的一端装上一个小镜头，另一端装一片未经打磨过的毛面玻璃，光线经过镜头后能在毛面玻璃上形成景物的影像，就像人眼观看景物时光线在视网膜上形成景物的影像一样。

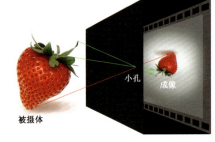

图片2-1 小孔成像示意图

小孔成像的发现，把光和影像联系了起来。在研制对光线敏感的材料以及对这些材料进行感光处理之后，才可能把影像保存下来。

### 2.1.2 暗箱的使用

17世纪中叶，有人根据巴布罗的设想，借助小孔成像和透镜，用房子当作暗房，在暗房里观看房外景物。这成为当时欧洲人的一项时尚游戏，但往往不能看到清晰满意的影像。

人们又发现，调整透镜到毛玻璃的距离可以使影像更加清晰，于是他们把暗箱改成滑动的。制作箱子的材料也不断改进，由木头改成金属，使之美观和耐久，箱子的形状也更加多样，越做越小巧。一些小的便于携带的暗箱，常被用来作为艺术家画画的辅助工具。

后来，人们又把暗箱的活动部分做成可以伸缩折叠的皮腔，形同手风琴。经过100多年的演变，尽管暗箱外观形形色色，但从根本上说，只是暗箱的各种变形。暗箱的发展和演变为摄影术的发明奠定了基础。

### 2.1.3 感光材料的发明

许多世纪以前，人们已经知道，有些物质在阳光的长时间暴晒之后会变黑或褪色。在公元1800年前后，英国人韦奇伍德曾将不透明的树叶放在涂有硝酸银的皮革上，试图制作"阳光图片"。他将皮革放在太阳下暴晒，皮革上未被覆盖部分即逐渐变黑，而当取下树叶时，便留下白色的影子。不幸的是，韦奇伍德未能防止这些仍有感光能力的白色部分变黑，也没能用暗箱来记录影像。

下一步的改进工作，是在过了20年之后，

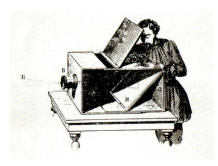

图片2-2 透镜的使用

图片2-3　窗外的风景　摄影：尼埃普斯

作品说明：这幅作品是以锡合金版涂以沥青，放在尼埃普斯自制的照相机中，在他法国居所的阁楼上，对着天窗外进行了长达8个小时的曝光，然后在薰衣草油中对沥青进行溶解。沥青感光层中受光暴晒部分变硬、不溶解，其他部分根据受光多少全部或部分溶解。从而使影像显现并永久固定下来。这幅画面的金属正像照片，长久以来被认为是世界上第一张永久成像的照片。

法国人尼埃普斯试图把暗箱中的影像直接记录在涂有化学药剂的石块或金属上，并希望将这影像用新发明的平版印刷术印刷出来。1825年，尼尔普斯用金属板代替玻璃作承载感光材料和影像的片基，取得了可以直接用反光方式观看的固定影像。同年，他将一幅17世纪的荷兰版画《牵马的孩子》成功地用感光材料完整成像，但这只是对绘画的一种复制。真正捕捉外部世界并成功固定影像的是尼埃普斯于1826年拍摄的《窗外的风景》。

尼埃普斯将自己这种以沥青作用于感光材料，从而达到将影像永久固定在玻璃板上或金属板上的方法命名为"日光摄影法"。这是世界上最早的摄影技术系统。这个摄影法后来经过改进，被印刷制版工艺所采用，并极大地影响了印刷工艺的发展。但由于感光能力过低，最终没有直接应用到摄影上。

### 2.1.4　摄影术的正式诞生——达盖尔的"银版摄影法"

达盖尔是一位巴黎艺术家和风景画家，早期酷爱风景画创作，后来主要从事舞台美术。19世纪20年代他发明了一种称为"西洋镜"的活动立体布景画。"西洋镜"只能即时由小孔观看，为了使它永久成像，他开始专注研究并进行了暗箱实验。在此期间，他结识了实际上已经掌握了摄影奥秘的尼埃普斯。1829年，他受尼埃普斯邀请，开始合作研究摄影术。

鉴于"日光摄影法"曝光时间过于漫长，影像模糊不清，达盖尔长期致力于更加快捷、更加精美、更易于观看和保存的摄影方法的研究工作。1833年尼埃普斯逝

图片2-4　达盖尔肖像

图片2-5 坦普尔大街街景 摄影：达盖尔

世，达盖尔便独自进行探索。经过长达8年的艰苦努力，终于在1837年创立了"达盖尔摄影法"，也称为"银版摄影法"。

"达盖尔摄影法"采取铜板为影像的最终载体，也就是片基，使用光敏银层作为感光材料，有完整的"显影"与"定影"，完成了现代摄影的基本工艺。

达盖尔的银版照相法是利用镀有碘化银的钢板在暗箱里曝光，然后以水银蒸汽显影，再以普通食盐定影，得到金属正像。长达半小时的曝光时间，这使得人像摄影、运动摄影成了奢望，尽管那时有法国贵族先吃螃蟹，但这个过程是很痛苦的。长达30分钟被固定在专用椅子上，四肢被绑起，下巴和脑勺被顶住，很像中国古代的酷刑。

1839年8月19日，法兰西学术院举行科学院和美术院联席会议，正式认定达盖尔的银版摄影法创立了摄影术，并将这一发明公之于世。

以达盖尔银版法为标志的摄影术的诞生，使

图片2-6 达盖尔法的拍摄场景

图片2-7 准备一块镀有薄银的铜板，洗净，抛光

图片2-8 转入暗盒，暗盒一起放入暗箱进行拍摄，时间15～30分钟。在光线的作用下，碘化银依光线强弱还原为不同密度的金属银，形成"潜影"

图片2-9 拍摄的时候由于曝光时间很长，为了防止身体的晃动，就用支架固定身体

图片2-10 先以水银（汞）蒸汽显影

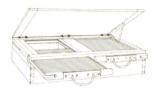

图片2-11 置入装有碘溶液或碘晶体的小箱内，碘蒸汽与银发生反应，生成碘化银。时间是30分钟

图片2-12 放入浓热食盐溶液中，通过氯化钠的作用，即"定影"

图片2-13 烘干

人类第一次掌握了即时捕捉并永久固定、长期保存外界影像的能力，它开创了人类直接采取视觉传达交流信息的一个新方式，为以后视觉信息时代的到来奠定了第一块基石。技术公开之后，银版摄影法在世界各地广为流传，为此留下了许多珍贵的历史影像资料。

### 2.1.5 塔尔博特与卡罗式摄影法

达盖尔创立的银版摄影法当之无愧地代表了现代摄影的诞生，而其照片成像质量也非常出色。但后来的摄影却并没有延续达盖尔银版摄影的直接正像模式发展，这主要是由于银版摄影成本较高，价格昂贵，而且一次只能拍一幅照片，复制困难。

与达盖尔同时代的英国人塔尔博特，也在用暗箱进行他自己的影像试验。1835年就制作出面积有2.5平方厘米大的相纸负像，并可以用来印制正像。开始影像效果不是那么清晰，经过不断改进和完善，最终于1841年申请到了专利权。

塔尔博特把他的这一摄影方法命名为"卡罗式摄影"（来源于希腊语"美丽印象"的意思）。其方法为在纸上先涂硝酸银溶液，干后再涂碘化钾溶液，在纸基上生成光敏的碘化银。待干后再以硝酸银和醋酸溶液增感。再干

图片2-14 银版摄影法拍摄的男青年肖像
图片说明：银版摄影是直接正像，其影像品质极其优良，由于银粒细腻，汞合金明亮悦目，整个影像精微细腻，层次丰富充实。

图片2-15 银版摄影法拍摄的妇女肖像

图片2-16 开着的门 摄影：塔尔博特

后即成感光负片。使用时曝光约5分钟，以硝酸银、醋酸显影，海波溶液定影，并涂蜡使其变得半透明，即得到纸基负像。为获得正像，需先将浸过食盐溶液的白纸涂以氯化银溶液，干后将纸基负像面对次纸，阳光下暴晒20分钟，再经海波溶液定影、水洗、晾干，即得到纸基正像，即最终的照片。

"卡罗式摄影"由于使用纸纤维成像，颗粒粗，清晰度低，反差大，画面效果难与达盖尔银版摄影媲美。但是，它最突出之处是使用纸基，成本低廉，采用负片系统，可以从一次曝光取得的负片上反复印制正片，为影像的传播提供了便利。虽然这种技术在19世纪50年代后基本没有人使用，但他所开创的负片原理成为之后摄影发展的主流。

图片2-17 卡罗氏摄影法拍摄的作品

图片2-18 一位部长 卡罗氏摄影法 左边为负片，右边为正片

图片说明：19世纪，无论是西方上流社会，还是大清王朝首都八旗子弟，拍照片的机会都很少，所以他们对摄影师，或者对拍照这件事，表现得非常严肃、诚挚，耐心地遵从指导。

## 2.2 摄影史上的三个时代
### 2.2.1 玻璃湿板时代

19世纪50年代初期，摄影经历了一场重大的变革。那就是一种新的方法诞生，名叫"火棉胶摄影法"或"湿板摄影法"。这个方法虽然比达盖尔式或卡罗式摄影法更为复杂，但它兼具两者之长。问世以来，曾在世界各国流行了20多年，成为摄影史上一个比较重要的历史时期。

从理想的角度说，在那个年代，摄影家需要的是既具有达盖尔摄影法那种清晰的影像和细致的影纹，又要像卡罗式摄影法那样，能迅速而经济地在纸上印制照片。这就需要一种较好的负片形式来代替纸基，而当时最理想的材料就是玻璃板。然而，怎么把感光的化学药品吸附在玻璃板上，又是一个难题。

图片2-19　玻璃湿版外观

1851年，对英国来说是很重要的一年，当时正是工业革命的高峰。一位伦敦雕塑家阿切尔，带来了一项用玻璃板改进摄影品质的实验成果。他发现一种名为"火棉胶"的黏性液体，用硝化棉溶于乙醚和酒精而成，是很好的胶合剂。

阿切尔的方法，是将火棉胶和感光化学药品混合液涂在玻璃板上，并使之光敏化。然后，将湿的玻璃板装入照相机中，进行曝光。曝光后，立即进行显影、定影和水洗。这一过程的特殊性要求火棉胶负片必须很快做好，并立即使用，因为火棉胶干后，便不再感光。所以这种摄影方法称为"火棉胶摄影法"，也称"湿板摄影法"。

图片2-20　火棉胶时代著名摄影艺术家纳达尔

火胶棉摄影法的最大优点是：它能拍摄出像达盖尔式摄影法那样清晰的影像，而成本却不到达盖尔式摄影法的1/10。同时，它像塔尔博特式摄影法那样，能用相纸进行反复印制，而影像质量却远比塔尔博特摄影法精细。加上它的感光速度比达盖尔式或塔尔博特式摄影法都高，在明亮的阳光下，曝光时间只需要15秒至1分钟。所以，该方法成为当时唯一的实用摄影方法。在此期间，肖像摄影艺术迅猛发展，各种摄影艺术形式出现了萌芽。

图片2-21　火棉胶的涂布方式

火胶棉摄影法的唯一缺点是：拍摄和冲洗必须在火胶棉未干燥之前约20分钟之内进行。因为火胶棉干燥后不透水，药液无法发生作用。它的这个缺点，给摄影者带来极大的麻烦，特别是外

图片2-22 现场拍摄玻璃湿版摄影照片

图片说明：当代摄影艺术家用自己制作的照相机和玻璃湿板技术来拍摄。

出拍摄，除了摄影机器和三脚架外，还必须携带化学药品、暗室帐篷及其他冲洗用具，使得许多摄影爱好者不敢采用。

湿板摄影的发明和使用，是摄影发展的一个重要里程碑。它使摄影真正地普及起来，让更多的人与摄影接触，摄影成为一种新的艺术形式，被大家所接受和认可。

### 2.2.2 干板与胶片摄影时代

19世纪70年代，在摄影史上，又发生了另一个重大变化。用明胶代替火棉胶。这种方法使得每次拍摄前，不必自己准备感光材料。新的感光材料使曝光时间大大缩短，照相机也可手持拍摄了。不久，制造商简化了照相机的使用功能和冲洗设备。摄影成为一般人都可以亲手实践的活动，拍摄的范围也扩大了。

1871年，英国人马多克斯在《英国摄影杂志》发表的一项研究成果表明：把溴化银混合在糊状的明胶中，使之成为明胶乳剂，趁热涂布在玻璃板上，干燥之后，仍能感光，并能冲洗，而且效果很好。他的这一发现标志着摄影史上另外一个时代的到来。

明胶用动物的骨和皮提炼而成的，是一种透明液体，在正常室温下，能吸收大量的水分，使体积充分膨胀，干燥后形状不变，卤化银晶体也恢复原来位置。这些特点，一方面可以使显影与定影更有效地发挥作用；另一方面，又可以使记录下来的影像，不至于因明胶的膨胀而变形，从而保证了影像的质量。所以，直到今天，它仍是摄影乳剂的主要材料。

明胶乳剂最突出的优点是：影纹清晰，层次丰富，感光度高。在室外阳光下拍摄，可以手持拍摄而不再需要使用三脚架。外出时不需要携带笨重的暗房设备和化学药品，拍摄后可在任何时候冲洗或者请别人代冲。干板制造的工厂化，要比自己制造的更稳定，质量也更好。

一台革命性的新型照相机和一个完整的摄影系统首先出现于美国。24岁的美国人乔治·伊士曼，阅读了有关英国人在乳剂配置方面的发展和干板的制造资料后，发明了一个干板涂布机，1880年，在纽约罗彻斯特开设了一家"伊士曼干板公司"。他认识到，这种新感光材料可以使摄影达到真正简单化的

图片2-23 印第安酋长

程度。因此,他开始把那些繁琐的工序统统排除掉,使一般人都能拍出他们自己的生活照片,并于1888年制造成功第一台柯达照相机。这台相机体积小,便于携带,能拿在手中拍摄。照相机里装有6米长的胶卷,能拍摄100幅直径为6厘米的圆形照片。胶卷都是事先装在照相机里,当摄影者拍完100幅照片后,即可将照相机寄回柯达公司,由柯达公司将胶卷取出、冲好、印好。然后再将照相机装上胶卷,连同照片寄回给顾客。至此为止,摄影者第一次不需要自己动手配制药品和进行冲洗了。乔治·伊士曼的伟大贡献是解放了摄影方法,普及了摄影事业。他把摄影爱好者从繁杂的技术操作中解放出来,使他们开始走上可以随意拍摄的道路。

图片2-24 清代摄影师勋龄用干版摄影拍的画面

在这一时代同时得到重大进展的是彩色摄影。从摄影诞生的第一天起,人们就憧憬着摄影不仅能真实反映事物的轮廓或面貌,又能还原现实世界的真实色彩。1861年,距离摄影术发明仅仅21年,世界上第一幅彩色照片,便由英国物理学家J.C.马克韦尔(James Clerk Maxwell)率先制作出来。他采用三原色红、绿、蓝三片滤色镜分别拍摄、再重叠放影的方式,呈现彩色影像,并加工制成全彩色影像照片。尽管他的试验不太完善,但有力地推动了彩色摄影的发展,证明了利用光谱三原色重现天然色彩的可能性。

图片2-25 第一台柯达照相机

图片2-26 伊士曼柯达公司创始人乔治·伊士曼使用柯达相机
图片说明:1890年,乔治·伊士曼在一艘船的甲板上用自己的柯达盒式相机拍照。

图片2-27 柯达彩色胶卷

图片2-28 胶片

图片2-29 20世纪早期的彩色摄影

  19世纪对彩色摄影贡献最大的是法国科学家路易·杜卡·杜豪隆(Louis Ducas DuHaurom)。他在1868年出版的《彩色摄影法》一书中提出一整套以三层感光乳剂为特点的彩色摄影方法，这三层乳剂分别感蓝、感绿和感红，拍摄了摄影史上第一张彩色照片《安古论风景》。在感光材料中除去紫色感色性较好外，对其他颜色的感色性均低，故而无可避免地出现色彩不均衡、不稳定的情况。

  1902年，法国卢米埃尔兄弟发明了一种天然彩色片，这种透明胶片含有由红、绿、蓝三色混合而成的一层淀粉微粒，光线通过三色微粒的过滤而产生潜影，在通过特殊的冲洗之后可获得犹如印象派作品那样色彩浓郁的颜色。然而，由于颗粒过滤的关系，这种底片曝光时间很长，色彩往往很暗，无法印制彩色照片。

  在杜豪隆设想的基础上，两位美国业余摄影家戈多斯基和曼内斯于1936年为柯达公司设计了第一个三层乳剂的彩色胶片——柯达彩色片。第二年，德国阿克发公司也推出了类似的产品"阿克发彩色片"，用这些胶片拍摄的幻灯片，光敏度高，色彩也非常理想，至今依然是制作幻灯和印刷制版的主要感光材料。又经过4年的探索，阿克发公司完成了彩色负片的设计投产，接着柯达公司也生产出了彩色负片。激烈的竞争推动着彩色感光材料的高速发展。第二次世界大战后，德国战败，阿克发公司的彩色片专利不再受到国际社会的保护。各国产商纷纷生产自己牌号的阿克发产品，先后涌现了诸如"安克斯"（美国）、"樱花（日本）"、"富士"（日本）、"伊尔福"（英国）等牌子的彩色反转片和彩色负片。

  干版与胶卷的发明，促进了摄影的产业化发展，产业化的生产使得摄影能轻易地传播到世界各地，成为一种普通人都可以拥有的技术。在此期间，彩色摄影的发明也使得记录生活的方式发生转变，记录的内容变得丰富多彩，从而更加真实。

图片2-30 第一台数码相机与发明者塞尚先生

图片2-31 世界上第一张数码照片

图片说明：世界上第一台数码相机是由柯达应用电子研究中心塞尚先生于1975年发明的，原型机名称为"手持电子照相机"。该相机宽20.9厘米，厚15.2厘米，高22.5厘米，重3.9千克，拍摄的时候需要16节AA电池供应电力，而存储介质则采用了标准300米的飞利浦数码磁带作为存储。

### 2.2.3 数字时代

20世纪四五十年代，伴随着电视的推广，人们需要一种能够将正在转播的电视节目记录下来的设备。1951年，宾·克罗司实验室发明了录像机，这种新机器可以将电视转播中的电流脉冲记录到磁带上。到了1956年，录像机开始大量生产。同时，它被视为电子成像技术的开端。1970年，是影像处理行业具有里程碑意义的一年，美国贝尔实验室发明了CCD。后来"阿波罗"登月飞船上有安装使用的CCD装置，这就是数码相机的原型。在这之后，数码图像技术发展很快，主要归功于冷战期间的科技竞争。这些技术也主要应用于军事领域，大多数间谍卫星都使用数码图像科技。

1975年，在美国纽约罗彻斯特柯达实验室中，一个孩子与小狗的黑白图像被CCD传感器所获取，记录在盒式音频磁带上。这是世界上第一台数码相机获取的第一张数码照片，影像行业的发展由此改变。

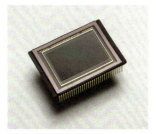
图片2-32 CCD传感器
图片说明：CCD是一种半导体装置，能把光学影像转化为数字信号，是数码相机中极其重要的部件，它起到将光线转换成电子信号的作用。

图片2-34 柯达数码单反相机
图片说明：曾经辉煌的柯达公司，由于经营不善，导致破产，这个最早发明数码相机的企业，最终被数码潮流击败。

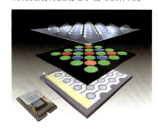
图片2-33 CCD结构示意图
图片说明：CCD相当于传统相机里的胶卷，CCD上感光组件的表面具有储存电荷的能力，并以矩阵的方式排列。当其表面感受到光线时，会将电荷反应在组件上，整个CCD上的所有感光组件所产生的信号，就构成了一个完整的画面。一般来说，CCD的尺寸越大，捕获的光子越多，感光性能越好，性噪比也就越低。

数码相机是集光电、机械、电子为一体化的产品。它集成了影像信息的转换、储存和传输等部件，具有数字化存取模式与电脑交互处理和实时拍摄等特点。光线通过镜头或镜头组进入相机，通过成像元件转化为数字信号，数字信号通过影像运算芯片储存在存储设备中。数码相机的成像元件是CCD或CMOS，该成像元件的特点是光线通过时，能根据光线的强弱转化为不同电子信号。

冷战结束之后，军用科技很快地转变为市场科技。1995年，柯达公司向市场发布了其研制成熟的民用消费型数码相机DC40，这被很多人视为数码相机市场成型的开端。这之后，数码相机CCD的像素不断增加，功能不断翻新，拍摄的图像效果也越来越接近，有的甚至超越了传统相机。随着技术的发展，数码相机更新越来越快，体积越来越小，成像质量越来越好，价格也越来越便宜。

数字技术的出现，是摄影史上伟大的变革之一，摄影从此进入了数字时代。摄影的数字化，对摄影技术、艺术技巧和摄影观念都产生了重大的影响。新媒体的不断涌现，使科学与艺术的结合得更加紧密。

## 2.3 照相机的种类与演变

### 2.3.1 照相机的发展阶段

照相机的发展是和社会的演变和科技的进步同步的，大致可以分为四个阶段。

第一阶段是初级阶段，时间为1839年—1924年。照相机的机身由木箱变为金属机身，镜头由单片新月形透镜发展为校正像差的多组多片正光镜头，镜头上设置了光圈和快门，以控制曝光量。1888年，美国柯达公司发明了安装胶卷的方箱照相机，这对摄影的普及有着重要的影响。1914年，德国蔡司显微镜厂的巴纳克研制出第一台徕卡35毫米的小型徕卡原形机。其特点是：从笨重机身向小型轻便发展；由木制向金属机身发展；由光圈固定式向可变式发展；取景器由框架式向光学式发展。

图片2-35　1850年湿板相机
图片说明：这是英国1850年滑箱式湿板相机，镜头2500克镀金。

图片2-36　徕卡原型机
图片说明：这就是徕卡原型相机，被称为"Ur徕卡"，也是世界上第一款135相机，这一年是1913年。"Ur"通常可以翻译成"远古"或"事物之初"，由于在德语中，照相机是一个阴性的词，因此"Ur-Leica"可以直译为"所有徕卡之母"。

图片2-37 徕卡原型机拍摄的照片 摄影：巴纳克

图片说明：徕卡相机的发明人巴纳克先生用这台原型相机照了很多照片进行实验，事实证明，用这种小底片拍摄的胶片放大之后是能够得到一张满意的、高质量的照片的。巴纳克的想法在实践中得到了证实。

第二阶段是成熟阶段，时间为1925年—1953年。1925年，德国莱茨公司改进巴纳克照相机，生产出平视取景的徕卡Ⅰ型。徕卡135相机便于携带和抓拍，对新闻摄影的发展和摄影的普及起了推动作用。1929年，德国禄来公司生产出第一台双镜头反光120照相机，命名为禄来弗莱克斯。1948年，德国生产出第一台五棱镜单镜头反光135照相机——康泰克斯S型照相机，同年瑞典生产出可更换镜头和片盒的120单镜头反光照相机——哈苏相机。这一阶段，照相机的光学性能和机械性能进一步提高，开始与电子技术相结合。德国制造的相机引领摄影潮流，这个阶段是相机自动化的起点。

第三阶段是自动化阶段，时间为1954年—1985年。1945年，德国爱克发公司生产出第一台有对外测光功能的爱克发EE（电眼）型135相机。从此，电子技术应用于照相机领域。1959年，爱克发公司生产出具有自动曝光功能的照相机——奥普蒂玛照相机。

图片2-38 徕卡Ⅱ型（D）型

图片说明：1932年，徕卡Ⅱ型（D）型问世，双取景器相机诞生，正式在机身上刻上"Leica"并"Ernst Leitz Wetzlar DRP"字样。而此前相机上的名字是"厄恩斯特·标茨威兹勒"（ERNST LEITZ WETZLER），以及字母"D R. P."（Deutsche Reichs Patent的缩写，意为"德国专利"）。

图片2-39 第一台禄来双反相机

图片说明：1929年，德国禄来推出了6×6cm的中画幅双镜头反光相机，取景器和成像分别采用了两个镜头，从诞生至今以其奇特的样式风靡世界几十年。至今已经有了超过70年的历史，在这期间，无数的品牌争相效仿这种形式的照相机，但很少能够超越禄来Rollcflex（弗莱克斯）这座巅峰。

图片2-40 Nikon I

图片说明：Nikon I，1946年9月完成设计，1948年3月推出，1949年8月停产。24x32mm片幅，1-1/500s快门，没有闪光同步。原本就叫Nikon，I是后来人们叫出来的。

1977年，日本小西六公司生产出第一台自动对焦照相机——柯尼卡C35AF型平视取景照相机。1981年日本索尼公司生产出用磁盘记录影像的静态视频照相机——马维卡照相机，把光电型号转变成模拟的电子型号并记录在磁盘上，为数字影像系统的实现奠定了基础。1985年，日本美能达公司生产出由微型计算机控制的135单镜头反光AF照相机——美能达α7000、α9000照相机，标志着照相机制作进入了以电子技术为主导并逐步智能化的阶

图片2-41 1967 尼康SP

图片说明：尼康SP是一个里程碑式的相机。它是世界上第一台集6个对焦框于一身的RF系统：28/35/50/85/105/135，在主取景器的左面是28/35两个没有视差自动补偿的辅取景器。SP是日本第一台只需要一个快门速度调节盘的135相机；SP具有第一个专业可靠的驱动马达；SP有世界上第一个附件：镜头焦段线框照明系统；SP是世界上第一个配备钛质廉幕快门的135相机。

图片2-42 爱克发EE（电眼）型135相机

图片说明：1954年，德国阿克发公司出产第一台有镜头外测光功能的阿克发EE(电眼)型135平视取景照相机。从此,电子技术开始应用于照相机领域。

图片2-43　Nikon FM

图片说明：Nikon FM，1977年推出，是Nikon品牌第一台F以外的单反相机。全机械、全手动、LED显示测光，取景覆盖率93%，可配马达。

图片2-44　美能达α7000

图片说明：美能达AF7000于1985年推出，开创了135 SLR空前繁盛时代，奠定了现代AF相机的基础，大大加快了其电子化进程。

段。这个时段是照相机全面大发展时期，进入光机电紧密结合时期；电子技术开始应用，首先将测光和控制曝光机构有机结合起来，出现了自动曝光照相机。另外，照相机工业由主要生产国德国向日本、美国转移，35mm照相机大发展。

　　第四阶段是数字化阶段，时间始于1986年。当年美国柯达公司研制出的CCD图像传感器，为取代银盐胶片打下了基础。1988年，日本富士公司和东芝公司研制出富士DS-1P数字照相机，用CCD作图像传感器，用闪存卡储存影像，是世界上第一款数字照相机。1997年，日本东芝公司生产了世界上第一款用CMOS作传感器的Allergretto PDR—2型数字相机，33万像素。同年，德国禄来公司生产了ROLLEI Q-6型数字相机，像素达到1600万。2000年后，佳能公司先后推出了一系列单镜头反光数字照相机，EOS系列单镜头反光相机销售量世界领先。数字影像传输快捷、处理方便，同时其分辨率、宽容度、感光度不断提高，数字相机逐步取代了传统相机。

图片2-45　Nikon E2

图片说明：Nikon E2由尼康1995年推出的首部数码单反相机，是与Fujifilm合作开发的。配置2/3英寸130万像素CCD，JPEG格式，用PCMCIA存储卡，ISO800~1600，快门1/8~1/2000s。使用普通Nikon镜头可获得与135一样的拍摄视角。Fuji相应型号为DS-505。

图片2-46　Nikon D1

图片说明：Nikon D1由尼康1999年推出，是Nikon自行开发的第一部DSLR。用F5机身，5区AF对焦，23.7x15.6片幅CCD，2.74MP像素，ISO200~1600，快门速度高达1/16000s，闪光同步1/500s，4.5fps连拍21幅，用CF I/II卡。

### 2.3.2 照相机的种类

照相机的种类繁多，性能各异，用途也不尽相同，但不管照相机怎么发展，其基本种类和结构不会改变。为了区别这些照相机，一般按规格及成像尺寸区分。主要划分为：大画幅相机、中画幅相机（也称120相机）和135相机。

**大画幅相机**

通常把采用4×5（97×120mm）英寸以上画幅胶片的相机，统称为大画幅相机。大画幅摄影是目前世界上追求高品质画面的专业摄影师的象征，是广告专业摄影和风光摄影常用的专业设备，它技术难度大，对摄影师的综合素质要求高，因而成功率较低。在追求高品质的风光摄影师眼里，大画幅相机是首选。

所有大画幅相机的架构都非常简单，可以分为三个部分：镜头、皮腔、后背（影像记录载体），它在结构上没有135或120相机那么复杂，只有纯光学部件，没有自动调焦系统，也没有自动曝光系统。从安装到测光到对焦都是纯手动操作。

既然叫大画幅相机，那么它所拍摄的底片也就特别大，一般来说，4×5英寸是这类相机的最小尺寸，换算一下面积是20平方英寸。它比我们平时拍摄的135底片，换算出的面积是1.3平方英寸，大出十几倍，而且还有5×7英寸、8×10英寸、10×12英寸，甚至有可以拍出更大底片的机型。

大画幅照相机还有另外一个重要的特点：可以对所拍摄的影像进行多方位的调节。这种相机的镜头板可以上下、左右移动。拍摄建筑物时，可以调整近大远小的透视；平行横向移动镜头板，可以"绕开"挡在正面的障碍物，并且把后面的景物拍得规规整整；俯仰调节镜头板，并且与相机的后组角度调节幅度相配合，也就是沙姆和反沙姆，可以得到最大的景深效果。

图片：2-47 清华大学美术学院 摄影：吕不

图片说明：冬季的夕阳西下，整个色调上包裹着冷冷的紫色，紫色也是清华大学的主体色调。大画幅相机所拍摄出来的层次和细节是其他相机无法比拟的。

图片2-48 星座（TOYO）大画幅相机

图片说明：星座(TOYO)大画幅相机系日本产品，它有单轨机及双轨机两大系列产品。双轨机有4×5英寸规格的TF45AⅡ和8×10英寸规格的TF810MⅡ两种，星座4×5英寸单轨机中的高级产品是轻便(2.7公斤)小巧、结构复杂的VX125(折叠后的厚度为125mm)，大而坚固、具有双重摆动功能的ROBOS4×5相机。

图片2-49 林好夫经典4×5英寸中画幅相机

图片说明：1929年，德国开始生产林好夫折叠式相机，该相机的皮腔和镜头可以移轴、仰俯、摆动，当时被誉为德国人的专利技术。许多摄影爱好者把林好夫推崇为一生中必须拥有的照相机！而其中尤以Technika（泰克尼卡）型号最为经典。

大画幅照相机的这两个特点，在用于许多高品质的商业摄影工作或其他需要制作大幅面照片的摄影活动时，有一般中小画幅无法替代的独特功能。但大画幅照相机的操作使用没有那么简单，需要相应的知识和熟练的操控技巧。摄影进入数码时代，大画幅照相机依然有它独特的优势，配合使用便利的数码后背，依然可以独领风骚。

目前世界知名度比较高且对国内摄影师影响较大的大画幅相机品牌有：德国的林好夫、瑞士的仙娜、德国的罗敦司德、日本的星座等。

**中画幅相机**

中画幅是介于135小画幅和4×5（97mm×120mm）英寸大画幅之间的成像尺寸。成像尺寸有6×4.5cm、6×6cm、6×7cm、6×9cm等。根据取景形式的不同，中画幅相机又可以分为旁轴、单反、双反等取景方式。

中画幅相机成像质量优秀，能满足大部分商业摄影的需求，同时相机的便携性要远远优于大画幅相机。中画幅单反相机取景没有视差，而且大多数中画幅单反相机可以更换后背，有些中画幅单反相机除了胶片后背外还可以换上数码后背，所以通用性能非常好，拥

图片2-50 八达岭 摄影：吕不

图片说明：八达岭长城史称天下九塞之一，是万里长城的精华，也是最具代表性的明长城之一。利用中画幅相机的高成像质量，选择较高的拍摄角度，拍摄出万里长城蜿蜒曲折的气势。

图片2-51 哈苏503CW国庆纪念版

图片说明：哈苏(Hasselblad)相机与沃尔沃汽车(Volvo Cars)一起，被称为瑞典哥德堡市的骄傲。哈苏是资深专业摄影师的宠儿，特别是在风光、静物、肖像、广告及特殊用途摄影中。503CW是哈苏公司1996年推出的，它的出现使503系列完全走向成熟。

图片2-52 哈苏H5D

图片说明：H5D采用全新的电子图像处理芯片，有效缩短了文件处理时间，直出JPEG文件质量也得到进一步改善。经过改进的第二代True Focus精确对焦系统对机内驱动马达的运动算法和对焦算法进行了优化，以便让用户能够拥有更快速、精准的对焦体验。该产品配置很全面，有4000万、5000万、6000万以及最高达2亿像素四个版本。与此同时，还有一只新型套头哈苏H系统24mm F/4.8（等效焦距约为17mm）以及一款近摄接圈发布。当然它的价格也不菲，相当于一辆中级轿车的价格。

图片2-53 富士GF670W

图片说明：GF670W Professional拥有一对旁轴取景器，电子控制叶片快门，支持光圈优先和手动曝光模式，中央重点TTL测光以及+/-2EV曝光补偿功能，可以使用120/220格式胶片，拥有6×6、6×7双格式拍摄功能。

图片2-54 林哈夫617中画幅全景相机

图片说明：林哈夫6×17全景相机，无需依赖电池操作，适用于任何恶劣环境下的户外拍摄。6×17cm画面，可拍摄到震撼性的3:1比例照片，以往只有使用5×7英寸大画幅相机才能拍摄到。使用120胶片可拍摄4张6×17cm相片，用220胶片可拍摄8张。最适合要求严格的摄影师拍摄建筑物、工业、科技和旅游等题材，既方便手持拍摄，又可在三脚架上进行精确对焦和构图。

有丰富的镜头群和可交换的附件。广泛应用于风光、人像、商业摄影等领域。

中画幅相机主要的品牌有：哈苏、禄来、玛米亚、宾得、富士等。

### 135相机

135相机中的135编号是1934年生产的24×36mm胶卷的编号，135照相机是因使用135编号的胶卷而得名。

135相机一般分单反相机和旁轴相机两种。单反相机是使用反光板和五棱镜通过镜头取景；旁轴相机是通过机身上开一个小窗户来取景，和镜头不在同一光轴上，故称旁轴相机。

135单反相机应该称"同光轴单镜头同步取景反光板瞬回式照相机"，一般是光线通过镜头后，落在一块45度倾斜的镜子上，镜子把光线直接反射到五棱镜中，再折射到取景目镜腔供使用者取景构图。取景时看到的是实像，所见即所得，没有视觉偏差，可以精确构图。镜头全覆盖，是目前主流机型，应用范围非常广泛。

主要品牌有佳能、尼康、奥林巴斯等。

图片2-55 中国梦

摄影：吕不

图片说明：暴雨过后的紫禁城，天空出奇的蓝，傍晚时分，一片云朵飘过故宫。利用135单反相机的竖构图取景，勾画出一道美丽的风景。

贰 / 略知一二——史论篇

图片2-57 奥林巴斯OM-1

图片说明：奥林巴斯OM-11973年推出，OM-1采用了将五棱镜深入镜箱的设计，所以机身非常小巧，而且取景十分明亮，取景范围高达97%，加之采用了空气减震器，使得快门释放的震动和声音大大降低，还具有反光镜预升等功能。后来OM-1在1974年增加了马达驱动功能后的版本称为OM-1 MD，1979年又升级为OM-1N，至1987年停产，总共生产了近15年，可见其受欢迎程度。

图片2-58 佳能AE-1

图片说明：佳能1976年4月推出的AE-1相机风靡世界。AE-1是佳能的经典之作，如果要选必收藏之十大佳能相机，它一定是前三位。其优点是结实耐用，近20年的机器依然使用正常。纯金属相身，阳刚气重，厚实有质感，绝非现在的混合机身能比。相对当时来说功能很全面，可以应付绝大多数的拍摄工作。

旁轴相机，也称为旁轴取景式相机，由于取景光轴位于摄影镜头光轴旁，而且彼此平行，因而取名"旁轴"相机。旁轴相机的取景方式和单反相机不一样，不是通过镜头取景，而是通过独立取景器取景，所以近距离时取景会存在一定视差。旁轴相机可以更换镜头，但由于旁轴相机自身结构的限制，没法安装超长焦镜头。但旁轴相机有其自身的特色，主要是机身设计小巧，而且没有单反相机反光镜工作时的噪音和机振，镜间快门实现闪光灯全同步，广角镜头和超广角镜头更是远强于单反相机，所以广泛应用于纪实摄影、人文摄影和风光摄影等领域。

主要品牌有徕卡、富士、玛米亚等。

这三种类型的相机是以成像载体大小为依据区分的，基本包含了主流摄影中的照相机类型。另外还有一些特别的照相机，比如一次成像的宝丽来、家用的数码卡片机和长焦数码相机等，特别是最近几年手机相机的流行和普及，使摄影成为大众娱乐的新形式。

图片2-56 天・地・人
摄影：黎大志
图片说明：夏天的青海湖畔，虽然没有阳光，作者通过云层、湖面、岸边树和人的多层次的对比，使冷色调的画面呈现出大自然之风云变幻和人与自然的和谐之美。

图片2-59 徕卡M系列
图片说明：著名的徕卡相机是德国徕茨公司生产的。它以结构合理、加工精良、质量可靠而闻名于世。20世纪20~50年代，德国一直稳坐世界照相机王国的宝座。徕卡相机也是当时世界各国竞相仿制生产的名牌相机，在世界上享有极高的声誉。徕卡相机坚固、耐用、性能优异的特点，在第二次世界大战期间得到充分体现。徕卡成了军用相机的首选，是当时战地记者的重要拍摄工具。全球各地战火不断、环境恶劣，轻便、坚固的徕卡135相机成了战地记者的得力助手。但时代在发展，如今的世界早已远离纷飞战乱的年代，更多轻便小巧、价格适中的数码相机成为人们日常生活的必需品，而奢华的徕卡渐渐成为了收藏柜中的珍品。

图片2-60 富士KLASSE W
图片说明：这款相机发布于2007年，它是一款采用大光圈定焦镜头的旁轴胶片相机，型号为KLASSE W。这款产品是富士为了纪念该系列产品而特别推出的复刻版本。它使用了焦距为28mm的F2.8大光圈富士珑镜头，能够拍摄出十分通透锐利的影像。作为一款旁轴相机，它能够实现即时快速拍摄功能，通过机身前部的转轮进行简单的操作就可以实现各种拍摄功能。

未来城市 摄影:黎大志

# 叁／利器先行——基础篇

数码相机
数码单反相机
数码单反相机镜头

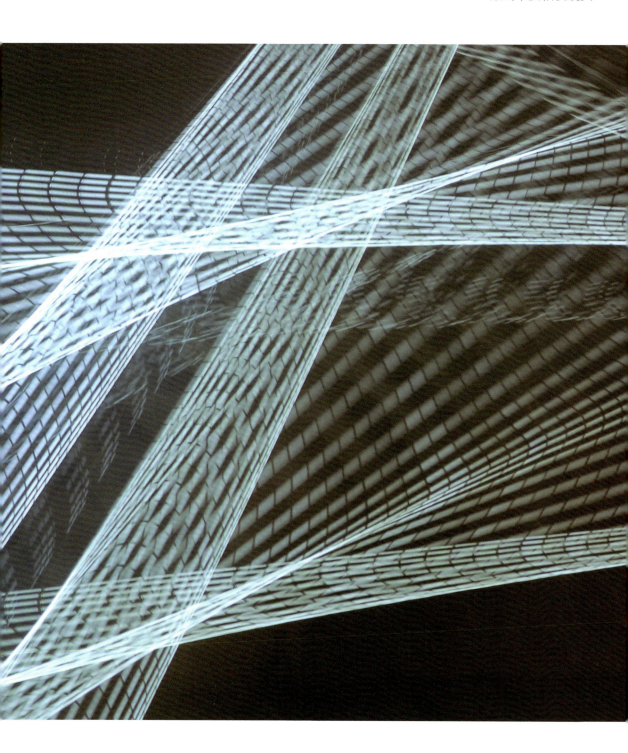

## 3.1 数码相机

数码相机，英文全称：Digital Camera (DC)，又名数字相机，是一种利用电子传感器把光学影像转换成电子数据的照相机，是光学、机械、电子一体化的科技产品。

数码相机的基本构成和原理：镜头——就像您的眼睛，相机镜头从物体接收光线；感光元件——把来自镜头的光线作为电子信息记录在感光元件；处理器——把来自感光器的影像信息转译成数字影像文件；处理过的影像在液晶显示屏上播放并保存在储存介质上。

数码相机与传统胶片机相比，优势在于拍摄时可以即拍即看，不满意的作品可以删除重拍；存储和读取方便，后期制作中可以随时对照片进行

图片3-1 佳能单反数码相机

图片介绍：这是佳能在2003年9月发布的EOS 300D。它是首款3位编号的EOS数码单反相机，也是佳能首款面向入门级用户的数码单反相机。它的上市价格打破了当时人们对数码单反相机价格的认识。规格方面，采用了约630万有效像素的图像感应器。EOS 300D是面向入门级用户的数码单反相机，它具有堪比上一级机型的高性能，得到了很高的评价，并且曾创下全世界120多万台的销售记录。

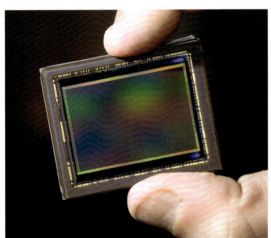

图片3-2 富士超级CCD

图片说明：除了CCD和CMOS之外，还有富士公司独家推出的SUPER CCD，SUPER CCD并没有采用常规正方形二极管，而是使用了一种八边形的二极管，像素是以蜂窝状形式排列，并且单位像素的面积要比传统的CCD大。将像素旋转45度排列的结果是可以缩小对图像拍摄无用的多余空间，光线集中的效率比较高，效率增加之后使感光性、信噪比和动态范围都有所提高。

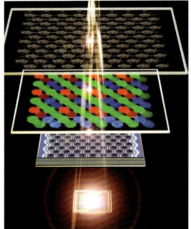

图片3-3 D600全画幅数码相机CMOS

图片说明：尼康D600搭载了一块新型尼康FX格式CMOS传感器，具有2426万有效像素，ISO感光度涵盖100至6400（可扩展至ISO 50等效或ISO 25600等效）。

颜色调整和修改；感光度也不再因胶卷而固定，可以随时调节和选择。不足在于通过成像元件和影像处理芯片的转换，一般的卡片机和早期的单反数码相机成像质量比胶片缺乏层次感；另外，一般的数码相机的色彩表现都不及胶片成像。随着数码技术的发展，这些不足已逐步改善，数码相机已成为摄影市场的主流产品。

### 3.1.1 数码相机的种类

数码相机按用途分，可以分为单反相机、微单相机、单电相机、卡片机、长焦相机和手机相机等。

单反数码相机就是指单镜头反光数码相机，即digital数码、single单独、lens镜头、reflex反光的英文缩写dslr。单反数码相机的工作系统中，光线透过镜头到达反光镜后，折射到上面的对焦屏并结成影像，透过接目镜和五棱镜，我们可以在取景窗中看到外面的景物。所见即所得，可以迅速抓拍物体，在理论上，人眼看到取景器中的景物与感光器上的影像完全相同，这是单反相机的最大优点。一般数码相机只能通过液晶显示器或者电子取景器看到所拍摄的影像，但看到的场景与拍摄出的场景会出现一定的时差，这是因为在液晶显示器或者电子取景器中看到的场景有一个数据转换的过程。

单反数码相机的一个重要特点就是可以交换不同规格的镜头，这也是单反相机的天生优点，是普通数码相机不能比拟的。拍摄广阔的风光可以使用广角镜头，拍摄微小的物体可以使用微距镜头，拍摄远处的野生动物可以使用长焦镜头等。

单反相机可分为入门级、专业级和准专业级。单反相机一般体积较大，比较重。市场中的代表机型常见于尼康、佳能、宾得、富士等。

图片3-4　尼康D600

图片3-5　尼康D600

图片说明：尼康于2012年9月13日正式发布 Nikon D600，搭载2426万有效像素FX格式CMOS图像传感器，并具有防滴防尘的耐候能力、坚固的镁合金机身材质、EXPEED 3 图像处理器以及可支持到 F/8 光圈的十字形对焦点对焦系统，重量 760g（未安装电池），约100%光学取景器画面覆盖率，宽大清晰、可视性强的宽视角3.2英寸LCD显示屏。

微单相机，这个词是专门针对中国市场所创造的。微单包含两个意思：微，微型小巧；单，单镜头相机。也就是说，这个词是表示这种相机有小巧的体积和单反相机一样的画质，即微型小巧且具有单反功能的相机称为微单相机。2010年被称为微单相机发展元年。索尼、奥林巴斯、松下、三星消费电子巨头已经推出了相关产品。

图片3-6 微单相机

微单相机没有反光板，外形更类似传统的小数码相机，但可以更换镜头。具有连拍速度快、摄像时可以自动对焦等特点。但相比单反相机，镜头群没有那么丰富，对焦慢，耗电量高，且成像质量不及单反相机。

图片3-7 佳能EOS M系列微单

图片说明： 佳能EOS M，于2012年7月正式发布，该产品采用3寸1.04万点的触控屏幕，APS-C幅面的感光元件，有效像素1800万，搭配DIGIC V图像处理引擎。EOS-M采用全新的EF-M卡口，与现有的佳能EF及EF-S规格镜头不兼容。

图片3-8 索尼NEX-7

图片说明：数码微单相机NEX-7有效像素约为2430万，配备了索尼Exmor APS HD CMOS影像传感器，帮助捕捉细致美景并带来微妙的背景散焦效果。模数转换前后的两次降噪处理，确保数码微单相机NEX-7细腻的画面色调，输出信号洁净、噪点低。

图片3-9 索尼微单镜头群

图片说明：索尼将"微单"相机定位于一种介于数码单反相机和卡片机之间的跨界产品，其结构上最主要的特点是没有反光镜和五棱镜。索尼微单相机的最大优势是其搭载了索尼全新开发的APS-C规格的CMOS传感器，在画质的表现方面要比同级别对手更胜一筹，夜景控噪同样是该款CMOS传感器的强项。

单电相机，即单镜头电子取景相机，指采用电子取景器，有数码单反功能的相机。索尼对"单电相机"的定义为：具备全手动操作，采用固定式半透明镜技术，电子取景器的相机。其中固定式半透镜技术对成像影响很大，争议很多，只有索尼独家采用。

图片3-10　索尼单电相机SLT-A65M套机　　　　　图片3-11　索尼单电光路图

图片说明：这款相机搭载了Exmor APS HD CMOS影像传感器，有效像素约为2430万，为您快速呈现丰富清晰的色彩和精美的静态图像细节。集成了索尼的半透镜技术，采用固定式半透镜替代传统单反相机中的活动式反光镜，每次释放快门时不必进行升降操作，从而提高连拍速度；同时采用半透镜技术的索尼数码单电相机，无论是拍摄静态照片或是高清动态影像，都能做到实时相位检测自动对焦，从而保证了快速准确的自动对焦效果。

图片说明：单电相机指采用电子取景器（EVF）且具有数码单反功能（如可更换镜头，具备快速相位检测自动对焦，较大的影像传感器尺寸等）的相机。没有反光镜和五棱镜，我们在电子显示屏或电子取景器上看到的景物，实际来自电路中传递来的信号。

单电相机与单反相机相比，由于取消了五棱镜，从而使得机身体积轻巧；采用新的半透镜技术，连拍速度更快；电子取景器的视野率达到100%，并通过电子取景器，能预览曝光补偿、直方图、白平衡效果，按下快门之前就知道拍摄结果，能大大提高拍摄成功率。但有得必有失，电子取景器的显像需要经过两次互逆的信号转化，外加电路传递也需要时间，这样就造成了显像的滞后性。而且单电采用的电子取景系统会造成更大的耗电量。

卡片数码相机，指那些小巧的外形，相对较轻的机身以及超薄时尚的数码相机。市场中有代表性的有索尼T系列、佳能IXUS系列、尼康Coolpix系列等。

图片3-12　索尼T90系列　　　　　图片3-13　奥林巴斯三防卡片机TG820

图片说明：索尼DSC-T90采用了3.0寸触摸式液晶屏，支持16:9宽屏显示。3.0寸大屏幕触摸式液晶屏，操作便利。约23万像素的屏幕令其显示的图像清晰，色彩重现自然。此处，防反射AR涂层拥有的可视性，在晴朗户外阳光耀眼的条件下，依然可以轻松拍摄照片，欣赏美丽照片也变得轻松愉悦。

图片说明：奥林巴斯TG820，1200万有效像素，5倍光学变焦，3英寸103万像素的背屏，既能满足拍摄需要，也能清晰准确地对所摄照片进行回放检视。

卡片数码相机可以随身携带。虽然相比之下它们的功能并不强大，但基本拍摄功能都有，相机自动化程度高。与其他相机比较，优势在于外观时尚，大屏幕显示器，机身小巧纤薄、操作便利。不足是手动功能相对薄弱，超大的液晶显示屏耗电较大、镜头性能比较差。随着手机照相功能的提升，对卡片数码市场是一大挑战。

图片3-14 富士长焦数码相机SL305

图片说明：富士SL305配备了一块1400万有效像素传感器，该传感器为CCD材质，相比于常见的CMOS传感器，CCD虽然在高感画质上不如CMOS优秀，但是在低感画质上，CCD传感器相对而言会更加出众一些。在镜头方面，该机搭载了一枚24~720mm的30倍焦距镜头，包含了从广角到长焦的各个焦段，非常适合外出旅游时使用。

长焦数码相机指的是具有较大光学变焦倍数的机型，光学变焦倍数越大，能拍摄的景物就越远。代表机型有富士S系列、尼康L系列、佳能SX系列等。

长焦镜头的主要特点其实和望远镜原理差不多，通过镜头内部镜片的移动而改变焦距。镜头越长的数码相机，内部的镜片和感光器移动空间越大，变焦倍数也更大。其特点是拥有单反相机大口径镜头、超长焦距、丰富的手动功能等优点，也综合了家用便携相机的简单实用功能。

照相手机是手机的一种，也就是自带照相机功能的手机，世界上第一部照相手机是由日本夏普公司2000年所制造，像素为11万左右。2012年诺基亚发布了一款震撼全球的具有高达4100万像素卡尔蔡司镜头的手机808PureView。单就其成像功能而言，就为整个行业设立了新基准。其性能接近于单反相机，并且同时也是一部适合装在口袋里的智能手机。

图片3-15 佳能长焦数码相机SX230HS

图片说明：佳能SX230HS，于2011年2月发布。搭载1/2.3英寸CMOS传感器，采用DIGIC 4影像处理器，拥有有效像素1210万，14倍光学变焦和4倍数码变焦。支持脸部识别、智能场景、降噪、运动检测、高清视频等功能。

图片3-16 佳能长焦数码相机 SX30 IS

图片说明：北京时间2010年9月14日，佳能公司正式发布，具有35倍光学变焦的机型——博秀 PowerShot SX30 IS。该机采用1410万有效像素，1/2.3英寸CCD传感器，35倍光学变焦，等效焦距为24~840mm镜头，且该镜还具有超声波马达，可实现迅速变焦，搭载一枚2.7英寸23万像素LCD显示屏，100%视野率的电子取景器，具备自动曝光系统及光学图像稳定器，支持连续自动对焦，可拍摄720p高清视频，在视频拍摄中可实现手动对焦，并增加"缩影"效果。

图片3-17　诺基亚808拍照手机

图片说明：诺基亚808 PureView于2012年2月27日到3月1日在西班牙巴塞罗那发布。作为全球首款采用PureView成像技术、4100万像素传感器、卡尔蔡司镜头和像素超采样技术的智能手机，诺基亚808 PureView开启了智能手机影像的全新时代。

图片3-18　苹果手机iphone5

图片说明：北京时间2012年9月13日凌晨，苹果公司在美国旧金山芳草地艺术中心举行新品发布会，正式发布其新一代产品iPhone 5。它拥有800万像素摄像头，最大支持3264×2448像素照片拍摄，1080p（1920×1080，30帧/秒）视频录制，支持面部检测、视频防抖功能、地理标记功能、全景模式、已接近普通数码相机的功能。

图片3-19　HTC Ones系列手机

图片说明：HTC Ones，于2012年4月上市，为HTC One系列中最薄的一款。摄像头，像素也达到了800万标准，配有LED闪光灯，支持1080P高清视频录制功能。拍镜头会自动对焦，并以每秒5帧的速度连拍20帧，将连贯动作生动地记录下来，让一幕幕精彩的瞬间定格。

因为手机具有联络和通信功能，高像素的照相手机开始在社会生活和人类行为中扮演着重要的角色，其正面效果有实时的新闻报道、有效的商务使用、有趣的生活画面，而负面效果则是产生偷拍行为和隐私权的侵犯等。

### 3.1.2　数码相机附件

数码相机附件（镜头除外）主要有滤光镜、储存卡、电池、闪光灯等。另外，还有一些辅助工具，如三脚架、云台、摄影包、快门线等。

我们按性能将其分为储存配件、光学配件、机械配件及无线类配件等。

**储存类配件**

储存类配件主要是指储存卡、笔记本电脑等硬件设备。目前数码单反相机所使用的储存卡主要包括CF卡、SD卡、记忆棒等。不同级别的数码相机使用不同的储存卡，也有高端数码相机使用双储存卡的。

随着数码设备的普及，数码相机、笔记本电脑等产品的大量普及，对于摄影师和摄影爱好者来说，外出拍摄或者在影棚内进行商业摄影时，通过笔记本电脑进行快速查看、发送邮件和储存备份，方便快捷。

### 光学类配件

光学类配件主要是指UV镜、偏振镜、闪光灯、遮光罩等为取得更好的拍摄效果而增添的相机附件。每种附件都有其各自的作用，如UV镜保护镜头不受外界污染和刮伤，偏振镜能过滤掉来自太阳的反光，闪光灯能改善光线不足引起的抖动，等等。

使用偏振镜的场合：

（1）清澈的蓝天，想把蓝天拍摄得更蓝。

（2）清澈的蓝天，蓝天给所有景物都染上了一层蓝色。想消除景物上的蓝色，使得景物更饱和。

（3）当拍摄水中物体时因水面反光而看不清物体。想拍摄清水中的物体，例如游鱼，或者想让水面暗一些。

（4）拍摄静物，想消除物体表面的反光。

（5）想透过玻璃拍摄后面的东西。

图片3-20　CF储存卡

图片说明：CF卡（Compact Flash）最初是一种用于便携式电子设备的数据存储设备。作为一种存储设备，它革命性地使用了闪存，于1994年首次由SanDisk公司生产并制定了相关规范。当前，它的物理格式已经被多种设备所采用。主要品牌有：闪迪、金士顿、创见、东芝等。

图片3-21　SD储存卡

图片说明：SD卡（Secure Digital Memory Card）中文翻译为安全数码卡，是一种基于半导体快闪记忆器的新一代记忆设备，被广泛地用于便携式装置上，例如数码相机、个人数码助理(PDA)和多媒体播放器等。其特点是体积小，却拥有高记忆容量、快速数据传输率、极大的移动灵活性以及很好的安全性。主要品牌：闪迪、金士顿、索尼、创见、东芝等。

图片3-22　HOYA UV镜

图片说明：UV镜又叫紫外线滤光镜。通常为无色透明的，不过有些因为加了增透膜的关系，在某些角度下观看会呈现紫色或紫红色。UV镜可以过滤掉阳光中的紫外线，所以又称紫外线滤光镜。UV镜其实就是一片紫外线滤镜，由于过多的紫外线会对成像质量造成影响，所以对于传统的摄影师来说，UV镜是必备品之一。但是对于数码摄像机和数码相机的拥有者来说，由于是CCD感光元件成像，不像传统的胶片那样对紫外线敏感，所以这时的UV镜其实只是一块平光玻璃，主要是起保护镜头的作用，可以说它的保护作用远远大于滤光作用。

图片3-23　偏振镜的效果　　　　　　　　　图片3-24　佳能偏振镜

图片说明：偏振镜，也叫偏光镜，简称PL镜，是一种滤色镜。偏振镜的出色功用是能有选择地让某个方向振动的光线通过，在彩色和黑白摄影中常用来消除或减弱非金属表面的强反光，从而消除或减轻光斑。例如，在景物和风光摄影中，常用来表现强反光处的物体的质感，突出玻璃后面的景物，压暗天空和表现蓝天白云等。

图片3-25　佳能广角镜头遮光罩　　图片3-26　佳能长焦镜头遮光罩

图片说明：遮光罩，是安装在摄影镜头、数码相机前端，遮挡有害光的装置，也是最常用的摄影附件之一。遮光罩有金属的、硬塑的、软胶等多种材质。大多数135镜头都标配遮光罩，有些镜头则需要另外购买。不同镜头用的遮光罩型号是不同的，并且不能互换使用。

图片3-27　尼康相机闪光灯

图片3-28　佳能相机闪光灯

图片说明：闪光灯能在很短时间内发出很强的光线，是照相感光的摄影配件。多用于光线较暗的场合瞬间照明，也用于光线较亮的场合给被拍摄对象局部补光。外形小巧，使用安全，携带方便，性能稳定。

### 机械类配件

机械类配件主要就是指三脚架、独脚架等保证获得最佳成像质量的必备装备，也是专业摄影师的必选装备。

最常见的就是长时间曝光中使用三脚架，以及夜景拍摄和微距拍摄等。选择脚架的第一个要素就是稳定性。如果脚架太轻或者索扣等连接部分制作不好，会造成整体机架的晃松，这就谈不上稳定相机的作用了。三脚架按照材质分类可以分为木质、高强塑料材质、合金材料、钢铁材料、碳纤维等多种。主要品牌有：曼富图、捷信、金钟、百诺普吉等。

叁 / 利器先行——基础篇

图片3-29 三脚架与单反数码相机工作效果图

图片3-30 三脚架加云台　　　图片3-31 三脚架云台　　　图片3-32 独脚架

图片说明：我们通常所称的三脚架其实包含三脚架和云台两部分。三脚架的主要作用就是能稳定照相机，以达到某些摄影效果。云台是安装在三脚架顶端的一个装置，用于拍摄时固定相机和任意调整相机角度。

图片3-33 独脚架套装

图片说明：独脚架与三脚架不同，独脚架并不适合长时间曝光应用，独脚架的意义在于提供相当程度的便携性和灵活性的同时，把安全快门速度放慢三档左右。适用于拍摄野生动物、登山、体育比赛、新闻报道等既需要抓拍瞬间，又需要一定稳定性来防止手抖动，对灵活性要求较高的场合。

图片3-34 摄影包与三脚架

图片说明：好的三脚架既要适合于自己，又要轻便耐用，在长途跋涉时能真正体会到轻便的好处。

55

### 无线类配件

无线类配件主要是指专业摄影师使用无线遥控拍摄器，拍摄一些非常规对象时所使用的配件，比如拍摄竞技体育、野生动物等高速、难以拍摄到或者高速移动的物体。

一般配合三脚架使用，在按动快门的同时，手指触动所引发的微小震动也会使相机发生微小的抖动从而影响影像质量；而快门线可以有效降低这种震动。主要用于长时间摄影使用B快门LOCK功能、间隔时间摄影、计时摄影等。在购买电子快门线的时候一定要先确定与相机的型号相匹配，以免出现不兼容的现象。

图片3-35　电子快门线

图片说明：快门线就是控制快门的遥控线，远距离控制拍照、曝光、连拍。

图片3-36　佳能遥控器RC-6

图片说明：遥控器RC-6可以从相机正面远距离操作相机释放快门，操作半径约为5m。适用机型：佳能5D3、5D2、7D、60D、650D、600D、550D等。

### 其他配件

另外，还有些配件在摄影过程中是必不可少的，如摄影包、电池、读卡器、手柄等。摄影包在摄影过程中是必不可少的一个重要装备，读卡器也是一个很重要的辅助工具。

此外，还有一个在拍摄过程中和拍摄后经常用到的附件：清洁套装。套装包括气吹、纤维布和镜头笔。

图片3-37　摄影箱

图片3-38　单肩便携摄影包

图片3-39　便携摄影包内部结构图

图片3-42 佳能电池

图片3-40 双肩摄影包内部结构　　图片3-41 便携摄影包

图片说明：摄影包是经常被忽视的一个重要的摄影附件，其实摄影包对于摄影师来说非常重要，因为它是摄影器材的保护神，在很多时候能保护重要设备不受损伤。

图片3-43 单反相机电池

图片3-44 佳能竖拍手柄　　　　　　　　　　　　图片3-45 佳能镜头盖

图片说明：竖拍手柄是单反相机的专业配件，用于竖拍时增强稳定性。通常放置于相机的底部以螺丝扣固定，手柄上有快门键，其内一般加装AA电池或锂电池组（电池盒），以增强相机的续航能力。竖拍手柄除了竖拍快门按钮以外，有的还附设曝光补偿钮、AE-L曝光锁、前后厚拨轮等功能按键，根据手柄档次的高低而不同。

图片说明：镜头盖的主要作用是保护镜头不受损伤。

图片3-46 CF卡读卡器　　　图片3-47 多卡口读卡器　　　图片3-48 SD卡读卡器

图片说明：读卡器是一种专用设备。有插槽可以插入储存卡，有端口可以联接到计算机。把适合的存储卡插入插槽，端口与计算机相连并安装所需的驱动程序之后，计算机就把存储卡当作一个可移动存储器，从而通过读卡器读写存储卡。按所兼容存储卡的种类可以分为CF卡读卡器、SM卡读卡器、SD卡读卡器以及记忆棒读写器等，还有多槽读卡器可以同时使用多种卡。常用品牌有：飚王、川宇、创见、清华紫光、索尼、金士顿等。

### 3.1.3 数码相机的选择

对于初学者或者摄影爱好者来说，选择什么样的数码相机是很纠结的一件事情。那么怎样才能挑选到适合自己的相机呢？

在选择和购买数码相机前，先要问问自己：购买相机的目的是什么？基本上可以分为下面几种情况：一是为了出去旅游拍摄纪念照，或者家庭聚会，或是给家人拍摄记录成长的照片等，这是属于普通使用类；二是对摄影有所爱好，希望在摄影技术方面有所发展，这属于摄影爱好者之类；三是希望成为摄影的专业从业者，不但需要在摄影技术上有一定的造诣，而且希望以此谋生，这就属于专业摄影一类。一般情况下，属于第一、二类情况的人较多。

图片3-49 摄影清洁套装 资料图片

图片说明：气吹能强力清除灰尘颗粒及其他附着物。纤维布能清除机器表面污垢和油渍。镜头笔可以自由收缩笔刷，扫除机身和设备缝隙中的灰尘颗粒与其他有害附着物，柔软不伤害镜头，不起静电。

确定了目的后，就可以根据自己的使用类别和经济状况确定价位预算。如果不清楚市场价位的话，可以先上网查看当前主流摄影器材的价位，再做决定。任何产品都是一分钱一分货，不要奢想五千块钱的相机比一万块钱的相机好。

另外，还有使用者对照片品质的要求是一般性的还是特殊性的？相机操作是简单的还是复杂的？相机性能是高档的还是低档的？这些选择是相当重要的。因为现在的数码相机无论是像素还是成像质量都有很大的提高。平常使用，相邻级别的相机成像效果差别不会太大。但专业相机肯定有其优势，在特殊情况下就能体现出来，比如降噪能力、连拍能力、对焦速度等。如果觉得专业单反相机比较重，可以选择单电或者微单，虽在成像和性能方面会打折扣，但便携性要强很多。这些都需要根据个人情况来定。

当确定了对操作方面的需求后，剩下的选择范围就小了很多。接下来可以考虑品牌。自从柯达宣布破产后，全世界能与日本相机抗衡的国家也只剩下德国了。德国相机的优异品质世界一流，总的来说各方面超过日本，所以价位方面也会不菲，如徕卡M系列、哈苏H系列等，一般人消费不起。综合性价比考虑，基本上都是在日系品牌中选择。日系品牌如佳能、尼康、索尼、宾得、富士、奥林巴斯、卡西欧等，外加韩国的三星。

在这些品牌中，佳能、尼康、索尼几乎是全世界民用专业相机的主流。在各大体育赛事、各大新闻报道中，几乎都有它们的身影。如果需要购买专业级的数码单反相机，佳能、尼康是首选，索尼慢慢转向单电和微单的研发。佳能和尼康这些年在全画幅的数码单反相机的研发上做得都不错，在顶级民用相机的性能上不相上下。索尼数码相机在便携性和外观上市场反响不错。这三个品牌几乎都拥有数码相机的全线产品，从最便宜的数码卡片机到价格不菲的全画幅数码单反相机、微单等，所以选择面非常广泛。如果买数码相机选择大品牌的话，建议考虑这三家。其他品牌也有一定特色，如富士是实力很强的老牌子，最近推出的复古微单，在成像质量方面有了很大突破，市场前景非常好。长焦数码相机是富士的王牌产品，富士长焦数码相机性价比很高，手动功能丰富，喜欢使用长焦数码的摄影爱好者可以考虑。三星数码相机是做娱乐多媒体的，三星推出的多媒体相机的综合性能不错，外观也可以。卡西欧相机的特点是比较时尚、智能和小巧，性价比也不错。

**小型数码相机结构图**

卡西欧ZR300机身尺寸为104.8mm(长)×59.1mm(宽)×28.6mm(厚)(机身最薄处为24.2mm)，机身重量为165克(不包含电池和存储卡)，存储介质为SD/SDHC/SDXC存储卡，外观有金色、白色、红色、黑色4款颜色。

卡西欧ZR300配置1/2.3英寸的背照式CMOS影像传感器，总像素约1679万，有效像素约1610万。配置12.5倍光学变焦的镜头，竟投焦距为4.24~53mm(折合成135相机格式为24~300mm)，该镜头还具备18.8倍的超像素变焦，25倍的多影像超解像变焦。拥有优秀的影像系统，将为拍摄者带来高画质的体验，即便在光照条件不理想的拍摄环境下，通过提高感光度拍摄也能有非常优秀的降噪能力。

图片3-50　卡西欧数码相机外部构造图

## 3.2　数码单反相机

自从数码单反相机诞生以来，整个摄影界发生了巨大的变化。我们可以使用数码单反做很多胶片相机无法胜任的工作。拍摄本身由此变得更加简单。数码单反相机继承了很多胶片单反相机的基本构造，在操作方面有很多共同点。数码单反各种品牌基本原理一致，下面以佳能数码单反相机为例，让我们来了解一下数码单反相机的结构和功能。

图片3-51 佳能数码单反相机1000D透视图

图片说明：佳能1000D发布于2008年6月，有1010万有效像素和7点宽区域自动对焦系统。DIGIC III影像处理器的应用使高ISO画质得到提升。小巧机身和优质成像质量可以满足初级用户对旅游便携与高画质的要求。使用DIGIC III影像处理器，提升了整体计算速度和噪声的控制，ISO800的可用度高；电池续航能力强。

图片3-52 快门元件

图片说明：快门是镜头前阻挡光线进来的装置，是一种让光线在一段时间里照射胶片的装置。一般来说，快门的时间范围越大越好。快门速度单位是"秒"。

### 3.2.1 数码单反相机的核心构件

数码单反相机的结构源于胶片单反。通过镜头收集光线以进行成像，这一原理是相同的。但接收到光线后的处理方式是独特的，和胶片的载体完全不同。数码单反相机的内部由机械部分和电子部分构成，制作十分紧密。而快门、光圈及镜头体系是数码单反相机不可缺少的核心部件。

**快门结构**

相机曝光时间的长短是通过快门实现的。快门在图像感应器之前、反光板之后，控制并拦截从镜头摄入的光线，通过开关的时间长短来调整图像感应器的受光量。在快门释放前反光板将升起。快门和光圈配合使用，可以控制相机内部感光元件的进光量。在光线一样的条件下，要想获得正确曝光，如果光圈设置小的话，那么曝光时间就会长；反之，光圈设置大的话，曝光时间就会短。另外，快门速度还控制着运动物体的清晰度和成像质量。

光圈是镜头内部的一个控制光线进光量的组件。光圈开启的大小是通过一个可以调节的控制器来实现的。

镜头是单反相机的眼睛，它的内部由各种透镜组成。镜头不仅承担着收集光线形成图像的工作，还承担着对焦等工作。

图片3-53 镜头光圈

图片说明：光圈是一个用来控制光线透过镜头，进入机身内感光面的光量的装置，它通常是在镜头内。光圈大小用F加数值。它的大小决定着通过镜头进入感光元件的光线的多少。对于已经制造好的镜头，我们不可能随意改变镜头的直径，但是我们可以通过在镜头内部加入多边形或者圆形，并且面积可变的孔状光栅来达到控制镜头通光量的目的，这个装置就叫作光圈。

图片3-54 佳能28mm定焦镜头

图片说明：佳能EF 28mm F2.8 IS USM镜头采用7组9片光学结构，其中包含1枚非球面镜片，最近对焦距为0.23mm，最大放大倍率0.2倍，使用了圆形光圈叶片设计。该镜头滤镜口径为58mm，镜头外形尺寸为68.4×51.5mm，重量260克。

## 3.2.2 单反相机的基本构造

以佳能650D为例，介绍一下数码单反相机的基本结构以及操作按键。

图片3-55 单反相机结构介绍

### 3.2.3 单反数码相机的基本操作功能

从入门级单反到顶级单反相机的基本操作功能都是相通的。在单反相机的肩部和背面是功能按键的主要分布区，专业机型和入门机型按键的数量会有很大的区别，但是厂家为了提高相机的通用性，使用操作上基本没有区别。

**数码相机参数信息栏**

对焦模式：打开相机设置菜单，一般在模式中会有三种对焦模式供选择。单拍自动对焦、人工智能自动对焦和人工智能伺服自动对焦。

ONE SHOT——单拍自动对焦。单次自动对焦模式的应用范围比较多，如拍摄景物、相对静止的人像、产品等。

AI Focus——人工智能自动对焦。在对焦的时候如果在对焦点确定合焦后，移动了焦点的位置，它将自动再次对焦到你重新移动的位置上，进行再次合焦。适合拍摄静止的物体。

AI Serov——人工智能伺服自动对焦。人工伺服自动对焦对某物体或某点对焦后，如该物体移动，比如说移动中的物体向你走来或远去，该功能能对该物体在无需重新对焦的情况下自动对该移动物合焦。这种功能多适用于拍摄运动物体，比如运动比赛等。

驱动模式：可以简单理解为按下快门按钮后相机的拍摄方式，例如单张拍摄、连续拍摄、高速连续拍摄、2秒钟定时拍摄和10秒钟定时拍摄等。根据场景和需求不同选用不同的驱动模式，一般情况下单张拍摄即可，如体育、演出、儿童、新闻等，可以选用高速连续拍摄或连续拍摄。

对焦点选择：对焦点在拍照时通过取景器可以看到，让对焦点其中的一个点对准所要拍摄对象的某一处，相机便会根据其中的一个点对准所要拍摄对象的某一处，相机根据对焦点的指示来自动对焦，

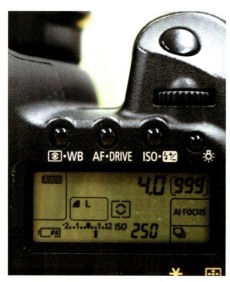

图片3-56 数码单反相机肩部显示屏与按钮

图片说明：数码单反相机肩部按键与显示屏，品牌和型号不同，排列方式会有所区别。

图片3-57 对焦模式与驱动模式设置

图片3-58 取景框中的对焦点

图片3-59 单反数码相机中的参数设置预览窗口

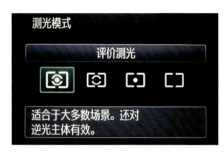

图片3-60 四种测光模式

照片中焦点所对准的地方最清晰。初学者可以选择自动对焦模式,有一定经验后可以选择手动对焦模式进行拍摄。

自动选择对焦点模式,相机会自动判断取景器中的画面焦点。使用手动选择中心点对焦,相机对画面中心的物体对焦。使用手动选择右侧对焦点对焦,相机对处于画面右侧的物体对焦。

测光模式:精确的测光,对于在拍摄过程中得到一张曝光准确的照片相当重要。在实际拍摄中,拍摄的环境和对象通常是千变万化的,针对不同的拍摄对象,数码单反通常都提供了多种曝光模式可供选择。照相机的测光系统为反射测光模式,主要原理是照相机通过景物反射回来的光线判断光线的强弱,计算出一个曝光值完成曝光。佳能相机内测光模式有四种,包括评价测光、局部测光、点测光、中央重点平均测光。景物的明暗分布造成四种不同测光模式的结果不同。

评价测光也称矩阵测光,在这种测光模式下,相机会将整个画面分成多个区域,对每一个区域都进行测光,然后综合所有区域的测光数据,再综合给出一个曝光值。这种测光模式适合大面积光线均匀的场景拍摄,不宜在大面积明暗反差大的情形中使用。

适用拍摄用途:团体照片、风景照片等。

局部测光(或称中央部分测光)是集中于画面中央重点范围,确保画面中央的正确曝光,是只对画面中央的一块区域进行测光,测光范围为3%~12%。局部测光方式是对画面的某一局部进行测光,当被摄主体与背景有着强烈明暗反差,而且被摄主体所占画面的比

图片3-61 评价测光 摄影:黎大志

63

图片3-62　中央重点平均测光　摄影：黎大志　　图片3-63　点测光　摄影：黎大志

例不大时，运用这种测光方式最合适。

适用拍摄用途：局部逆光摄影、人像摄影等。

点测光用于对拍摄主体或场景的某个特定部分进行测光。测光偏重于取景器中央，覆盖了取景器中央约3%的面积。点测光模式用来避免光线复杂条件下或逆光状态下环境光源对主体测光的影响。点测光用在数码相机微距拍摄上可以让微距部分曝光更加准确。点测

图片3-64　局部测光模式　摄影：黎大志

光在人像拍摄时也是一个好武器，可以准确地对人物局部进行准确曝光。

适用拍摄用途：舞台摄影、人物写真、新闻特写照片等。

中央重点平均测光（或称中央平均测光），这种测光主要是考虑到一般摄影者习惯将拍摄主体放在取景器的中间，所以将画面中央区域的测光数据"重点对待"，而边角区域的测光数据只适当参考，是评价测光（矩阵测光）中央加权平均的测光方式。在大多数拍摄情况下，中央重点测光是一种非常实用，也是应用最广泛的测光模式，但是如果需要拍摄的主体不在画面的中央或者是在逆光条件下拍摄，中央重点测光就不适用了。

适用拍摄用途：个人旅游照片、特殊风景照片等。

尼康相机中央重点测光的使用介于佳能相机的局部测光和中央重点平均测光之间。

曝光补偿：曝光补偿是为了让拍摄者对相机测光所确定的曝光量进行修正、调整，从而得到适宜于主体正确表现的准确曝光。相机以测光数据为依据决定照片曝光值，当拍摄环境影响测光时就会出现曝光错误，此时需要设置曝光补偿。曝光补偿量均用+2、+1、0、-1、-2等加以表示，"+"表示在测光所定曝光量的基础上增加曝光，"-"表示减少曝光，相应的数字为补偿曝光的级数（EV）。一般拍摄时利用"白加黑减"的原理：拍摄白色物体，或是亮色物体时，要增加曝光补偿；拍摄黑色物体，或是深色物体时，要减少曝光补偿，使之曝光准确。

照片风格：数码相机大多提供了风格设定，相机通过图像处理引擎实现不同的照片表现效果，就像胶片时代选择不同的胶卷一样，这是数码单反相机独有的功

图片3-65　曝光补偿设置

图片3-66　曝光补偿的效果

曝光补偿-2　　　曝光补偿-1　　　曝光补偿0　　　曝光补偿+1　　　曝光补偿+2

图片3-67 曝光补偿、白平衡、色彩空间、照片风格等设置页面　　图片3-68 照片风格设置

能。每个品牌的风格设定都有一定区别，最终效果都是为了拍出更好的照片风格，以佳能为例，以前的数码单反相机都只能通过对色彩饱和度与对比度等进行单独调节决定成像风格。而有了"照片风格"这一功能后，只需要从6种选项中选取一个就能得到自己想要的画面风格，分别为标准、人像、中性、可靠设置、风光和单色设置。其来源于对相机饱和度和对比度的调节设置。

标准：这是数码单反相机的基本色彩，能适应所有被摄体。因为其色彩浓度和锐度都稍高，适合不加工直接打印的照片。

人像：能够再现女性和儿童肌肤色彩以及质感的照片风格。比起标准来，它能让肌肤看起来更柔滑，还能让肌肤呈现明亮的粉红色。

中性：该照片风格下对比度和色彩饱和度较低，和其他照片风格比较起来不易产生高光溢出和色彩饱和的情况。适合拍摄明暗对比强烈的场景。

可靠设置：可以获得在标准日光下被摄体的实测色彩。能适应从商品拍摄到忠实再现动物的毛色等，需要忠实再现物体色调的拍摄。

风光：它是名副其实的最适合拍摄风景的照片风格。锐度和对比度都比较高，能鲜明地将绿色、蓝色系色调表现得很浓。即使是远景也能清晰呈现。

单色：它和使用黑白胶卷拍出的色调类似。不单是把彩色照片灰度化，更有着和黑白胶片类似的深度，还有单色的褐色模式。

白平衡：白平衡的作用就是一种偏色校正功能，是对白色物体的还原，也就是以白物体为检测目标，进行色彩的矫正，使白色物体在拍摄的画面中真正反映出白色，从而达到对整个画面色彩矫正的目的。

由于人的视觉有恒常性，在不同色温的光线下，人眼对相同的颜色的感觉基本是相同的。但数码相机没有这样的功能，在不同的色温光线下，数码相机一般会造成色彩的失真，比如白色物体在白炽灯下偏黄、偏红，在日光灯下偏蓝、偏青。照相机提供了多种白平衡的设置模式，主要有自动白平衡模式、日光模式（5300K~5500K）、阴天模式（6000K以上）、阴影模式（7000K以上）、白炽灯模式（3500K左右，与日出、日落时分的色温接近）等，还有以自定义模式来设定色温。当我们拍摄的时候，只要设定在相应的白平衡位置，就可以得到自然色彩的准确还原。而且一般数码相机还有自动白平衡设置，可以适应大部分光源色温。白平衡在之后的"万变不离其宗——理论篇"中有专门的

图片3-69　照片风格为标准

图片3-70　照片风格为人像

图片3-71　照片风格为中性

图片3-72　照片风格为可靠设置

图片3-73　照片风格为风光

图片3-74　照片风格为单色

介绍。

画质设置：单反相机在拍摄前可以设置记录照片的画面质量。由于数码照片属于像素点阵组成的位图，在拍摄后不可以无损失放大，因此在拍摄和记录前就要提前决定画质。记录的格式有两种：RAW和JPEG（简称JPG）。RAW是一种无损压缩格式，它的数据是没有经过相机处理的原文件，只会记录光圈、快门、焦距、ISO等数据，且不对图片进行任何加工，后期中可以任意地调整色温、白平衡、曝光度等，而且不会造成图像质量的损失，保持了图像的品质。但是它会占据大量的内存空间，对储存卡的反应速度和储存容量要求比较高，适用于大型的风光和广告摄影。JPG是一种可提供优异图像质量的图像压缩模式。使用过高的压缩比例，将使图像质量明显降低。但它的优势是文件小、储存快，更适合连拍，是一般摄影者的画质选择，适用于新闻摄影和纪实摄影等。

格式化储存卡：格式化储存卡是指对相机内部储存卡进行初始化的一种操作，这样操

图片3-75　画质设置

图片3-76　画质的选择

图片3-77 格式化设置

图片3-78 格式化储存卡

作通常会导致储存卡中所有的文件被清除。在第一次使用新购买的储存卡前，要进行格式化处理。每次拍摄完的照片导入电脑后，为了重新获得空间，可以执行此操作，这样还可以预防电脑病毒的侵扰。

### 3.2.4 数码相机的基础曝光设置

#### 什么是曝光

光线在一定时间内，通过镜头光圈的孔径到达感光元件，使之记录影像，称为曝光。正确的曝光是整个摄影过程中的关键，正确的曝光就是在适当的时间里让感光元件受到适当的光量照射。欠曝光或过度曝光会影响画面的层次、色彩和清晰度。我们要做的是让画面保留更多的层次和最丰富的色彩，这就需要我们通过相机控制好画面的曝光量。

曝光量的多少取决于光圈大小和快门速度的选择。同样的曝光量，光圈大（光圈的表述是倒数关系，数值小则光圈大，数值大则光圈小）则速度快，光圈小则速度慢。

比如，光圈F1.8与快门速度1/500秒、光圈F4与快门速度1/100秒、光圈F8与快门速度1/25秒，三组的曝光量是相同的，这叫作等量曝光。

对实际拍摄的曝光选择，还需考虑另一重要因素，就是感光度（也就是ISO），它指的是感光体对光线感受的能力。在传统摄影时代，感光体就是底片，而在数字摄影的时代，相机则采用CCD或是CMOS作为感光元件。感光度越高（也就是ISO值越高），拍摄时所需要的光线就越少；感光度越低，拍摄时所需要的光线就越多。

#### 影响曝光的要素

光圈：光圈是用来控制光线通过镜头达到感光面的光量大小的装置，它通常在镜头内。光圈大小用符号F加数值来表示。F后面的数值越小，光圈越大；反之，F后面的数值越大，光圈越小。

光圈的作用在于决定镜头的进光量，光圈越大，单位时间内进光量越多；光圈越小，单位时间内进光量越少。也就是说，在快门速度不变的情况下，光圈越大，进光越多，画面越亮；光圈越小，进光越少，画面越暗。

光圈F值=镜头焦距/镜头光圈的直径。从这个公式可以知道，要达到相同的光圈F值，长焦镜头的口径要比短焦距镜头的口径大。所以才有我们看到体育记者们扛着长焦镜头拍照片的场景，因为口径一大就加重了镜头的重量。

完整的光圈值系统如下：F1.0、F1.4、F2.0、F2.8、F4.0、F5.6、F8.0、F11、F16、F22、F32、F45、F64。这里值得注意的是，光圈F值越小，通光孔径越大，单位时间内进光量越多，而上一级的进光量是下一级进光量的两倍，如光圈从F8调整到F5.6，进光量便多一倍，我们也说是光圈开大了一级。F5.6的通光量是F8的两倍。同理，F2是F8通光量的16倍，从F8调整到F2，光圈开大四级。此外许多数码相机在调整光圈时，可以做1/3级调整。

光圈的另一个重要的作用是决定景深大小。

景深这个概念在拍任何照片时都会用到。我们在拍摄照片的时候，会对一个主体物进行对焦，这样才能使主体物以及周围景物更清楚。那么这一个清楚的主体物，以及这个主体物周围的清晰范围，就叫景深，也就是说对焦主体物的清晰范围叫作景深。

景深的深浅，与很多方面有关，但关系最大的就是光圈。光圈越大（即F值数值越小），景深越小；光圈越小（即F值数值越大），景深越大。另外，焦距长短也跟景深有关，焦距越长，景深越小；焦距越短，景深越大。

常用光圈景深测试：

图片3-79 光圈：F4 焦距：105mm

图片3-80 光圈：F8 焦距：105mm

图片3-81 光圈：F16 焦距：105mm

图片3-82 光圈：F22 焦距：105mm

快门：快门是一种让光线在一段精确的时间里照射到感光元件上的装置。它是曝光控制的重要因素。如果把进光量比作自来水管里的水，光圈就是通过调节水龙头的大小来控制水量，而快门则是通过调节水龙头开启的时间长短来控制水量。

快门是以数字的大小来表示的，单位为秒，用s表示。相机最常见的快门速度范围是30s~1/8000s，由慢到快分别为30s、15s、8s、4s、2s、1s、1/2s、1/4s、1/8s、1/15s、1/30s、1/60s、1/125s、1/250s、1/500s、1/1000s、1/2000s、1/4000s、1/8000s。相邻两档的快门速度相差一倍，因此，在相同条件下，使用相邻2档快门速度拍摄，曝光量也相差一级。另外，有的相机上有B门，B门能够得到更长的曝光时间，如几分钟甚至几个小时。只要按住按钮，快门就会持续开启，直到松开，一般是在夜间配合三脚架和快门线使用。

快门速度对成像的影响明显，特别是抓取瞬间性动作时，不同的快慢速度能达到不同的效果。运动的物体可以在照片里表现得处处清晰，也可以表现得背景模糊或主体物模糊。处处清晰的照片可以使人仔细地观察被摄体，而模糊的照片则可以使人从视觉上感觉到物体在运动。

图片3-83　光圈：F22　快门速度：1/5s
图片说明：低速快门能表现出水流的痕迹

图片3-84　光圈：F4　快门速度：1/1000s
图片说明：高速快门能凝固飞溅的水花

作为摄影的初学者，一定要注意照相机的安全快门，也就是用什么样的焦段去拍照片，使用什么快门速度是安全的，要不然手持相机拍摄时的晃动会使得所拍摄的影像变得模糊不清。一般来说，安全快门速度是135全画幅等效焦距的倒数，也就是安全快门速度=1/等效焦距。具体地说，如果是在佳能7D上使用一支100mm的镜头，那么1/150s就是安全快门，因为7D是APS-C画幅的相机，转换系数为1.5，实际等效焦距为150mm。如果选择1/200s这样的更高速的快门是最稳定的。而在全画幅相机上，直接使用镜头焦距的倒数就可以了。一般情况下，快门速度在1/100以上都是安全的，在镜头焦距太长或者太重的情况下再考虑提高快门速度。如果拍摄中达不到安全快门怎么办？我们可以通过感光度和光圈来调节，再达不到的话，我们可以使用三脚架或者闪光灯来实现。

在拍摄过程中，我们还需要掌握半按快门的拍摄技巧。数码相机的快门通常设计为两级，但使用者半按快门时，相机会自动测光并且自动对焦，在取景窗中的液晶屏、肩屏或背屏中会给出光圈和快门的组合参数。如果确认相机的曝光数值无误，并且焦点已经对准被摄体时，直接按动快门，照片会成功拍摄。如果在相机菜单中将相机设置为半按快门锁定曝光或锁定焦点，可以对场景中的拍摄主体半按快门对焦，之后可以移动镜头，重新构

图片3-85 拿起相机观察取景器时模糊不清

图片3-86 半按快门,选择对焦点,红点提示,示意图。

图片3-87 感光度与闪光曝光补偿的设置

图后全按下快门拍摄。

感光度:感光度是数码相机中非常重要的设置。拍摄不同场面往往选择不同的ISO感光度。在光线良好的场景中,选择低感光度,可以得到高画质的影像。在拍摄现场光线较暗的情况下,用最大光圈或者最慢速度都无法有效地捕捉到适当影像,如会议、婚礼、体育比赛等场合,就需要选择高感光度,首先确保完成拍摄任务,有时捕捉到影像本身比获得高质量影像更加重要,能够把照片拍下来不虚是第一位的。数码相机以改变信号放大倍率的方式改变感光度。数码相机的感光度可以从ISO100、ISO200、ISO400、ISO800、ISO1600、ISO3200、ISO6400、ISO12800、ISO25600中选择,有的甚至更高。数码相机感光度设定与影像质量有密切关系。低感光度拍摄的照片影像质量高,画面细腻,没有噪点,分辨率高。

在拍摄过程中,配合光圈、快门和ISO共同使用,不同场合使用不同的感光度,但一定要控制到整个画面的品质。感光度越高,噪点越多,层次越少。此外,还有来自外部的因素影响曝光,比如说内置闪光灯、外置闪光灯、反光板等等。

感光度100

感光度800

感光度12500

图片3-88 感光度细节对比

### 3.2.5 数码相机的拍摄模式

数码相机针对不同拍摄场景和题材,配置了快速曝光的拍摄模式。为了准确地捕获稍纵即逝的瞬间,根据不同拍摄题材,可使用相对应的拍摄模式,包括人像、风光、夜景、运动、微距等。对于初学者来说,运用这些模式可以很好的练习拍摄,轻松

图片3-89 拍摄模式

拍摄出高质量的照片。对专业摄影师来说，通常会使用快门优先、光圈优先或者全手动进行拍摄。

### 人像模式

人像模式适用于以人物为主题的拍摄活动。使用这一模式时，数码单反相机会自动将光圈调到最大来营造浅景深的效果，达到虚化背景、突出人物主体的目的。而且可以避免杂乱的背景干扰主体人像的表现，同时人物的肤色还原问题也得到改善。拍摄时，主体物距离背景越远，背景看起来就会越模糊。对初学者来说，如果不能熟练地调整光圈值来控制景深的效果，那么，运用人像模式则是最简单可行的方法。

图片3-90　人像模式　摄影：黎大志

由于人像模式总是采用大光圈追求背景虚化效果，在拍摄旅游纪念照时，人物以外的景物有可能会得不到清晰的表现，失去纪念照的意义，在拍摄集体合影照时，也可能会出现部分人员模糊不清的现象。因此拍摄这类照片时要谨慎使用。此外，人像模式通常会在光线不足的场合自动开启闪光灯对人物进行补光。很多数码相机在此模式下都会自动设置驱动模式为连拍，在拍摄过程中摄影者如果持续按下快门，将进行连续拍摄。

### 风光模式

风光模式适合拍摄广阔优美的风光照片，如自然风光、城市风景等题材。风光模式的特点正好与人像模式相反，使用这一模式时，数码相机会根据选定的景物自行调整合适的

图片3-91　风光模式　北疆风光　摄影：黎大志

小光圈，使画面获得更大的景深效果。此时，对焦也变得无限远，使拍摄画面中的每个主次对象都显示出清晰的视觉效果。如果在此模式下使用广角镜头拍摄，将进一步增加图像的深度和广度。在画质方面，风光摄影模式能够提高画面锐度，对画面细节部分进行细致表现，并加强绿色、红色、蓝色等色彩饱和度，使得天空和树木色彩更加鲜艳。

使用风光模式时，拍摄环境的光线即使不足也不会开启机顶闪光灯，因为闪灯的光量根本达不到远方的景物上。如果外出拍摄，一般配合三脚架使用。

### 夜景人像模式

在拍摄夜景人像的时候，如果开闪光灯拍摄，人是白的，背景一片漆黑，无法捕捉到其他美景。想两全其美的话，夜景人像模式是不错的选择。

夜景人像模式比较适合在室外暗光下或夜间拍摄人像照片，相机将自动开启慢速闪光同步功能，通过闪光灯来照亮人物主体，慢速快门会继续进行长时间曝光，使画面中的其他景物也获得足够的曝光量，从而在画面中得到完美的展现。

图片3-92　夜景人像模式　摄影：黎大志

由于曝光时间过长，在拍摄时最好使用三脚架，防止因曝光时间过长拍摄者手抖动而造成画面模糊。另外，拍摄夜景人像时还要注意人物与闪灯之间的距离，避免出现前景过亮、背景过暗的现象。

### 微距模式

微距模式用于特定的微距摄影，通常用于拍摄微小物体、花草鱼虫等对象的特写镜头。在使用微距模式时，相机要尽可能缩短与被摄体的拍摄距离，以镜头最近对焦距离（可参考镜头上标注的数值标识）对准被摄主体。这样拍摄出来的画面就可以达到主体突出、细节微妙的视觉效果。

图片3-93　微距模式　摄影：黎大志

对数码单反来说，最短焦距是由镜头决定的，只将拍摄模式调到微距模式也无法改变最近对焦距离，它只是设定一个适度的光圈，呈现主体清晰而背景模糊的效果，同时也决定是否使用闪光灯等。所以，要想使用数码单反相机的微距模式，就要更换带有微距功能的镜头或者纯粹的微距镜头。在背景选择上，应尽量使用简单背景，这样更有利于突出主体。

图片3-94　运动模式　摄影：黎大志

### 运动模式

运动模式用于拍摄快速移动的被摄体,如奔跑的小孩、移动的车辆或者体育题材。使用此模式时,数码相机会自动以中央的对焦点跟踪拍摄主体,随后使用其他对焦点进行跟踪对焦。为了能够凝固被摄体的运动瞬间,相机自动采用较高的感光度来保证较快的快门速度,用最短的曝光时间来捕捉被摄体的运动瞬间。

此外,运动模式会自动开启连拍功能,可在一次按下快门后,拍摄多张照片,提高捕捉瞬间机会的能力。建议在拍摄体育运动、舞台表演等场景或一些快速移动的人或物体时,使用运动模式且配合长焦镜头拍摄,这样可以避免影像模糊,以获得更好的拍摄效果。

### 曝光模式的选择

为了在不同的光线条件下使画面得到完美、正确的曝光,相机生产厂家为拍摄者提供了多种曝光模式以便使拍摄变得更加快捷。虽然数码单反相机的型号和种类有许多,但曝光模式大多相同,基本上都包含全自动曝光、程序自动曝光、光圈优先自动曝光、快门优先自动曝光和手动曝光。

图片3-95　模式转盘

### 全自动曝光模式

全自动曝光模式是相机生产厂商为方便初学者和摄影爱好者使用而设计的。在相机上显示为AUTO,或者是以绿色的长方形来表示。对于一些不了解相机参数设置和成像效果

图片3-96　全自动曝光　雾绕月亮湾　摄影:黎大志

的使用者来说，全自动模式下就如同傻瓜相机一样，不需要设置任何拍摄参数，完成取景后按下快门就完成了拍摄。其优点是操作方便、快捷；但不能满足创意拍摄的需求，拍摄出的照片缺乏表现力。一般用于拍摄生活照或纪念照片。

### 程序自动模式（P）

程序自动模式（P）被称为程序自动曝光模式，在此模式中，相机会在测光后为用户自动设定光圈和快门的曝光组合。对初学者来说，这种曝光模式使拍摄变得更为简单、方便、快捷，也有利于抓拍，能应对绝大多数题材的拍摄，非常实用。

程序自动（P）模式虽然能自动完成测光和曝光设置，但在该模式下允许用户对曝光补偿、感光度、白平衡进行设置和修改，增强了拍摄时对某些方面的主观控制。

程序自动模式使用起来既有全自动模式的便利，同时又保留了手动控制的空间。即使对摄影没有深入学习的人，也可以轻松地拍出满意的照片，这对于摄影初学者来说是非常适用的。

图片3-97　程序自动　摄影：黎大志

图片3-98　光圈优先　摄影：黎大志

图片3-99　快门优先　摄影：黎大志

### 光圈优先模式（AV）

光圈优先模式（AV）是一种半自动拍摄模式，通过手动设定光圈和曝光补偿值，相机根据选择的光圈值自动计算快门值，使照片获得准确曝光。

光圈和景深联系密切，所以通常遇到要制造景深效果的时候，有经验的摄影师多会采用这一模式，因为只要先将光圈的数值确定，也就意味着确定了画面的景深效果，特别是在人像摄影中被广泛应用，可以使用大光圈来虚化背景、突出主体。此外在风光摄影中，也可以使用小光圈来保证远近景物成像清晰。

### 快门优先模式（TV）

快门优先模式（TV）同样是一种半自动拍摄模式，是通过手动设定快门速度和曝光补偿，相机自动选择合适的光圈进行曝光的模式。

快门优先模式最常见的用法有两种：一种是运用高速快门来表现冻结影像的视觉效

果；另一种则是选择慢速快门来表现影像的动感效果，此模式多用于体育摄影，如赛车、运动场等，或是对快门速度有要求的暗光摄影。另外快门优先模式的另一主要用途是通过对快门速度的主观调节来控制画面中运动对象的虚实效果。

使用快门优先模式时要考虑到相机光圈的最大值能够达到多少，如果将快门速度设到1/5000的话，那么光圈最大值至少应该达到F2.8。总之，要想使用足够快的快门就要看相机的光圈是否够大，这样才能保证足够的曝光量，以免造成画面曝光不足。

**手动曝光模式（M）**

手动曝光模式（M）跟全自动模式正相反。全自动模式是所有设定全部由相机通过计算得出的数据进行拍摄，而手动曝光是所有的

图片3-100　全手动模式　摄影：黎大志

数值都需要摄影师自己手动调节，包括光圈值、快门速度、感光度、测光模式、色彩模式等一系列设置。手动曝光每次拍摄时都需要手动完成光圈和快门速度的调节，其好处是摄影师可以控制自己所需要的画面品质。一般是专业摄影师在影棚中使用闪光灯时拍摄和在光线恒定的情况下使用。

### 3.2.6　如何选择数码单反相机

数码单反相机种类按传统的档次来划分，可以分为专业级、准专业级、高级入门级、入门级四类。

**（一）入门级数码单反相机**

入门级的单反相机是许多初学者的第一选择，因为它们价位相对便宜，外形小巧轻便。从拍摄上来说，入门单反相机的功能比普通数码相机齐全、操作也更加专业，同时又比中高端单反相机更容易上手，对初学者来说是个不错的选择。

作为单反相机，许多入门级的价位甚至比一些消费级的数码相机还便宜，最低价位的套机只有2000多元，大部分在3000~4000元左右，具有极高的性价比，各大品牌在入门级单反相机领域的竞争非常激烈，技术也比较成熟。

入门级数码单反相机大多采用APS-C画幅的感光元件，虽然在感光元件的面积上偏小，但比消费型数码相机、卡片机的尺寸要大，高级入门级数码单反相机也是采用APS-C画幅的感光元件，而且可以更换镜头。只是在制造材料上、操作手感、对焦性能和连拍速度上有些差距，比如非金属机身、对焦点的减少等。只要合理应用镜头，能与专业数码单反相机一样，拍出优秀的照片，而且由于转换系数的存在，APS-C画幅的数码单反在长焦摄影中还有一些独特的优势。

目前代表机型有：佳能EOS 1100D、650D、尼康D3100、D3200等。

叁 / 利器先行——基础篇

图片3-101　佳能1100D

图片说明：2011年2月14日，佳能（中国）有限公司发布了首款具有4种机身颜色的EOS数码单反相机——EOS 1100D。EOS 1100D作为广受好评的普及机型EOS 1000D的升级版，继承了EOS 1000D操作简单的特性，同时增添了一系列全新功能。EOS 1100D采用了能够快速捕捉被摄体的自动对焦系统、与上一级机型相同的63区双层测光感应器、高速且高性能的DIGIC 4数字影像处理器等。此外还可以使用背面液晶监视器进行实时显示拍摄和高清短片拍摄。APS-C规格的大型图像感应器具有约1220万有效像素。

图片3-102　尼康D3200

图片说明：尼康D3200是日本尼康公司2012年推出的新款单反相机，机器搭载2416万像素CMOS传感器，EXPEED 3图像处理器，ISO 100~6400，Multi-CAm 1000 11点AF系统（一个十字点），取景器视野率95%，放大倍率0.8x，视点18mm，可拍摄全高清视频，搭配无线适配器WU-1a，可实现与智能设备（Android）相连接，进行无线传送和远程拍摄。

## （二）高级入门级数码单反相机

　　高级入门级的数码单反相机也是初学者或摄影爱好者的最佳选择，它的价位相对于入门级来说要高一些，基本全套设备在5000~10000元，性价比也是比较高的，而且成像质量、操作手感要优于入门级数码单反相机，并且设计上更坚固，对焦系统比入门级的更准确，连拍速度也更快速，还有丰富的功能设定和更长的电池续航能力。

　　高级入门级数码单反采用的也是APS-C画幅的感光元件，但像素一般都比入门级的要高，不同品牌的厂商有不同的标准。相机的体型明显大于入门级单反，同时也具备了很多新的功能，而且机身的液晶屏也开始变得更大，像素更高，整体操作性能更好。

　　目前代表机型：佳能60D、尼康D7000、宾德K5等。

图片3-103　佳能60D

图片说明：2010年8月26日，佳能发布50D升级版本60D。其外观更倾向于7D，其中60D的液晶屏比较新鲜，3英寸104万像素可翻转显示屏，这在佳能单反中还是首次采用，取景构图更加便捷；3：2比例的LCD，和单反相机所拍图片的比例相吻合，在显示图片时更为饱满。功能方面60D新增了1920×1080p全高清摄像功能。电池采用了与7D相同的LP-E6，续航能力比50D提升了一大截。

图片3-104　宾得K-5

图片3-105　尼康D7000

图片说明：宾得K-5是宾得的旗舰级中端单反，它采用一枚全新开发的尺寸为23.7x15.7mm的CMOS感光元件，采用约1628万有效像素的影像传感器可以生成分辨率超高、层次细腻的数码照片，同时把数码噪点控制到最低程度，性能出色，性价比也不错。

图片说明：尼康公司2010年9月发售的尼康DX系列中级机型。作为经典中端单反相机D90的升级，D7000可拍摄优质、高清晰的图片。紧凑的机身还融合了各种先进功能。1600万像素感光元件，配备全新CMOS图像传感器和EXPEED 2图像处理器，39点对焦系统，2016像素测光系统，6fps高速连拍，超大容量电池，等等，力求给使用者一个更加优质的体验。

## （三）准专业级数码单反相机

准专业级数码单反相机是职业摄影师和摄影发烧友选择的对象之一。它的定位又高于高级入门级数码单反相机，套机价位在20000元左右。它们拥有坚固的机身、准确的对焦系统和相对更快的连拍性能，像素也随之更加提升。

准专业级数码单反相机在设计上大部分采用了全画幅的COMS感光元件。照片像素高，在成像质量、照片细节、噪点控制上更加优越。

由于可靠的性能和合理的价位，准专业级数码单反相机能满足摄影发烧友和大部分职业摄影师的性能需求，而且它们不像顶级机那么笨重，便于携带。

目前代表机型：佳能7D、5D MarkIII，尼康 D600、D800等

图片3-106　佳能5D MarkIII

图片3-107　尼康D800

图片说明：佳能5D MarkIII发布日期为2012年03月，是佳能公司推出的一款强劲单反，拥有有效像素约2230万全画幅CMOS图像感应器才有的高画质，支持相机内所有图像处理的新一代DIGIC 5+数字影像处理器，宽广范围的常用感光度ISO 100~25600。扩展时最高ISO 102400，61点高密度网状阵列自动对焦感应器与人工智能伺服自动对焦III代带来革新AF，高像素的同时实现最高约6张/秒连拍，63区双重测光感应器与EOS场景分析系统恰当控制曝光，采用视野率约100%智能信息显示光学取景器与3.2寸约104万点清晰显示液晶监视器II型，4种多重曝光模式与5种HDR模式带来多彩表现力，实现全高清记录画质，50fps高速拍摄高清画质短片的EOS短片功能，镁合金机身与防水滴、防尘性能带来高耐久性。性能绝佳，受到众多摄影爱好者的强烈追捧。

图片说明：2012年2月7日，尼康公司荣幸地宣布推出尼康D800，一款全新FX格式数码单镜反光相机。D800采用3630万有效像素，并搭载了新型EXPEED 3数码图像处理器和约91000像素RGB感应器，令其具有突破性的高清晰度和图像品质。其卓越的图像品质，可匹敌中画幅数码相机的画质。为了实现高附加值，在其紧凑、轻巧的机身内，还增加了多个新功能。

图片3-108 尼康D4

图片说明：2012年1月6日，尼康正式全球同步推出一款全新的单反相机旗舰机型——尼康FX格式相机D4。其搭载了特别为优化数码单反相机设计的全新的尼康FX格式CMOS图像传感器（画像尺寸36×23.9mm）和全新数码图像处理器 EXPEED 3，功能丰富，可提供卓越的图像品质以及超高速的性能。该机型有效像素为1620万，其图像传感器支持令人难以置信的宽广感光度范围，从ISO 100 至 ISO 12800（最低可至相当于ISO 50，最高可至相当于ISO 204800），可在各种照明条件下提供卓越的画质。

图片3-109 佳能1DX

图片说明：2011年10月18日，佳能（中国）有限公司正式发布一款EOS数码单反相机的全新旗舰机型EOS-1D X。作为面向专业级用户的高端机型，EOS-1D X打破常规，实现了在专业级机型上将高像素和高速反应合二为一的历史突破，一台EOS-1D X就可以满足风景和商品摄影中所需的高像素。搭载了佳能新开发的有效像素约1810万的35mm规格全画幅CMOS图像感应器，且实现了最高约14张/秒的超高速连拍。采用EOS数码单反系列中最多的61点高密度网状阵列自动对焦和10万像素RGB测光感应器。常用ISO感光度高达ISO 51200，最高可扩展至ISO 204800。

### （四）专业级数码单反相机

专业级数码单反相机都是各个品牌的旗舰产品，这种产品专门为体育记者、职业摄影师设计，它们拥有最为强劲的机身性能，而且可靠性极高，可适应各种工作环境。价位在30000元以上。

顶级数码单反相机由于采用了横拍与竖拍手柄一体化设计模式，因此体积更大，其内部拥有坚固的金属相机骨架，在机身的各个接缝和按钮处，进行了严密的防水处理，因此也拥有很强的防水功能。其在成像质量上的表现也是顶级的，最新的技术一般都是先用于顶级的数码单反相机上，全画幅的感光元件除了更高的像素、更完美的质量外，在噪点控制和感光性能上也拥有完美的表现。

目前代表机型：佳能1DX、佳能1Ds Mark IV，尼康D3X、D4等。

## 3.3 数码单反相机镜头

镜头是照相机的重要组成部分，外界的景物只有通过镜头才能在照相机焦平面上聚焦成像。影像品质的高低，主要取决于镜片的材料、镀膜的质量、组装的精度等。低色散、非球面、防抖动和恒定的大光圈是当今品牌镜头的重要指标。

镜头中的焦距是拍摄照片时最重要的参数之

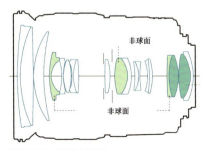

图片3-110 镜头的内部结构

一、在拍摄过程中，变焦镜头会不断变换焦距来尝试不同的视角。焦距的光学定义是指：当景物的光线以接近平行光的方式穿过凸透镜时，会在镜片后方的一点汇集，这个点被称为焦点，此时，镜片中心点与焦点的距离就是焦距。换句话说，焦距就是指镜头前凸透镜中心点到感光元件的距离。

广义上来说，所有镜头都可以分为两类：变焦镜头和定焦镜头。

所谓定焦镜头，指的是焦距固定。如果想展现画面主体的大小，只能靠移动相机的位置来实现。所有定焦镜头上面只有一个环——对焦环。而变焦镜头就可以利用镜头伸缩，产生焦距的变化，把物体拉近或推远，所以变焦镜头上面有两个环，一个变焦环，一个对焦环。

也许有人会问，既然变焦镜头如此方便，为什么还要定焦镜头呢？这是因为，变焦镜头虽然方便，但变焦镜头成像要兼顾不同的焦段，很难做到面面俱到，所以一般说来，光线品质不如定焦镜头。另一个方面，变焦镜头因为涉及更多的机械结构，因此在对焦精度上不能与定焦镜头相比。此外，定焦镜头的优势还在于它体积轻巧，有更大的光圈。在135系统中著名的焦段有24mm拍建筑、50mm拍纪实、85mm拍人像、100mm拍微距等。

在实际应用中，我们根据焦段的不同，把镜头分为广角镜头、标准镜

图片3-111　尼康相机与镜头

图片说明：尼康是著名的相机制造商，尼康创建于1917年，当时名为日本光学工业株式会社。1988年该公司依托其照相机品牌，更名为尼康株式会社。尼康是全球著名的光学产品设计和制造商，具有当今世界尖端的光学科技水平。其光学产品以优异的性能著称于世。尼康光学科技在映像、光纤、半导体、视光、科考等人类生产、生活的各个领域发挥着重要作用。尼康品牌给人们留下高品质、高科技、高精密度的印象。

图片3-112　尼康 AF-S 尼克尔 200mm 2 GII ED 定焦镜头

图片说明：该镜头采用纳米结晶涂层，大幅度降低鬼影和眩光。内置对焦系统，对焦时不会增加镜头长度。配备三种对焦模式(M/A、M和A/M)。内置减震(VR II)功能，相当于把快门速度提高约4档。该镜头采用13片9组，含3枚ED镜片、1枚超级ED镜片、纳米结晶涂层镜片和1片保护玻璃的镜头结构。拥有F2.0超大光圈，最近对焦距离为1.9m，最大放大倍率为0.12倍。配置宁静波动马达，可实现安静的自动对焦。

图片3-113　尼康 AF-S 尼克尔 28~300mm 3.5~5.6mm G 变焦镜头

图片说明：尼康 AF~S 尼克尔 28~300mm F/3.5~5.6G ED VR是一款兼顾了广角和长焦端的APS画幅镜头，其配备了2片ED镜片并支持防抖。该镜头的直径为83mm，镜头长度114.5mm，重量约为800g。该镜头是一款FX格式的10.7倍变焦的超远摄镜头，覆盖从28mm广角至300mm远摄的宽广焦距范围。内置减震功能，可补偿相机抖动，相当于提高4档快门速度。

头和中长焦镜头，还有比较特殊的，如移轴镜头、微距镜头等。不同画幅上所使用的镜头标准不一样，如135系统的相机50mm为标准镜头，120中画幅的标准镜头为90mm，4×5大画幅的标准镜头为150mm。我们以平时使用最广泛的135系统为例来了解一下各个焦段的特点。

在这之前我们还要弄清楚数码单反相机的概念，单反相机分为全画幅相机和APS-C相机。它们之间除了成像元件CCD或者CMOS大小不一样外，其他构造基本相同。全画幅相机指的就是数码单反相机中成像元件CMOS的尺寸大小与传统胶片机中的胶片成像区尺寸大小相同，为24×36mm。而APS-C相机中的成像元件CCD或者CMOS的尺寸大概为22.5×15mm，不同品牌的尺寸都不太一样。并且镜头口径也随之缩小。所以全画幅镜头用在APS-C机身上就会出现换算倍数，佳能为1.6倍，尼康为1.5倍。比如，50mm的镜头放在佳能的非全画幅机身上，焦距会变成80mm。

为什么都不统一用全画幅的尺寸呢？这是因为全画幅尺寸的成像元件制造困难而且价格较高，目前大多数数码相机都不是全画幅的。全画幅相机的优势明显，感光元件CCD或者CMOS面积大，这样一来，捕获到的光子越多，感光性能越好，噪点越低，成像质量也越高。所以说，全画幅单反是未来数码发展的一个大趋势。

图片3-114　尼康85mm 1.4G 定焦镜头

图片说明：尼康85mm/F1.4的滤镜口径77mm、9枚圆形光圈叶片、最短摄影距离为85cm，但重量则为595g。镜片构成则由8组9枚改为9组10枚。此款镜头搭载了尼克尔最新的SWM超音波马达和奈米晶体涂装镀膜，在操作性能和实际性能表现上做了大幅度的改良。

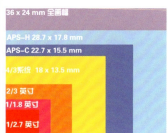

图片3-115　定焦镜头拍摄　欧洲街头艺人　摄影：黎大志

图片说明：利用85mm的镜头能拍摄非常锐利的图像品质，是拍摄人像的最佳选择之一。

图片3-116　感光元件CCD或CMOS的尺寸对比图

### 3.3.1 焦距的变化

图片3-117 24mm焦距

图片3-118 50mm焦距

图片3-119 100mm焦距

图片3-120 200mm焦距

图片3-121 300mm焦距

### 3.3.2 镜头的种类

**广角镜头**

传统意义上的广角镜头指的是在35mm以下的镜头，最大的特点是可以拍摄广阔的范围，具有将距离感夸张化。对焦范围广等拍摄特点，还有一个重要的特点就是广角镜头具有夸张的透视变形功能。所谓透视就是人眼所见，"近大远小"的视觉效果。这种效果随着焦距的缩小而越发明显。在摄影创作中具有广泛的应用价值，适合拍摄风光、建筑、人文等题材。常用焦段有28mm、24mm、18mm等。一般来说，24mm以下的镜头都称为超广角镜头，甚至有6~16mm视角达到180度以上的鱼眼镜头。

图片说明：覆盖从超广角到准广角焦段的大光圈广角变焦镜头。恒定F2.8的最大光圈，使其可应对光量不足的拍摄环境。昏暗场景下取景器画面仍很明亮，便于影像的确认与拍摄。12组16片的镜头结构中有效配置了种类不同的3片高精度非球面镜片（研磨型、玻璃模铸型、复合型各1片），能有效抑制倍率色像差，从而使被摄体边缘部分的色晕得到较大程度的抑制。画面边缘成像好，使用35mm全画幅相机拍摄可发挥出其真正的实力。风光摄影中，树木的细节与山脊的棱线也能拍得很锐利。在进行都市风光的拍摄时，建筑物的细节可忠实地表现出来。虽然是广角变焦镜头，但其虚化效果十分漂亮。35mm端拍摄自不待言，使用16mm端接近被摄体拍摄，也可灵活运用虚化效果。高性能可实现丰富的表现形式。

图片3-122 佳能16~35mm 2.8 L USM 镜头

图片3-123　广角镜头拍摄　摄影：黎大志

### 标准镜头

一般来说，是焦距40~55mm的镜头称为标准镜头。它是所有相机镜头中最基本的一种摄影镜头。标准镜头给人以纪实性的视觉画面效果，所以在实际拍摄中，它的使用率是最高的。由于标准镜头的画面效果与人眼视觉效果相似，所有用标准镜头拍摄的画面效果是十分普通的或者说是平淡的，它很难获得广角镜头或远摄镜头那种渲染画面的戏剧性效果。因此，要用标准镜头拍出生动的画面是不容易的。但由于它跟人眼的视角相似，标准镜头所表现出的视觉效果有一种自然的亲近感，用标准镜头拍摄时，与被摄物体的距离也较合适。一般用于拍摄人像、抓拍、旅游纪念、纪实摄影等。

### 远摄变焦镜头

远摄镜头通常是指焦距在80~400mm的摄影镜

图片说明：佳能EF 50mm F/1.2L USM的光学结构是6组8枚镜片，其中包括1枚非球面镜片。最近对焦距离为0.45米，8片圆形光圈可以获得非常柔和的焦外成像。在配合数码单反相机使用时，超级光谱镀膜技术有效地抑制了鬼影和眩光现象。

图片3-124　佳能50mm 1.2 L USM　定焦镜头

图片3-125　标准镜头拍摄　摄影：黎大志

图片3-126 佳能70~300mm 4~5.6 L IS USM 远摄变焦镜头

图片说明：一款尺寸适当、价格适中且能够体验真正远摄乐趣的远摄变焦镜头。搭配APS-C画幅EOS数码相机，可获得相当于112~480mm的视角，能够充分拉近被摄体，拍出有冲击力的照片。自动对焦驱动方面采用了小型超声波马达"微型USM"。高速CPU与优化的自动对焦算法等实现了快速对焦。搭载有效果最大相当于提高约3级快门速度的手抖动补偿机构IS影像稳定器，可在整个变焦范围内有效补偿手抖动。滤镜直径仅约为58mm，镜头重量较轻，约为630g。无论是搭配全画幅相机还是APS-C画幅机型，均能够获得良好的握持感。

头，多用于拍摄远处的被摄体。远摄镜头最基本的特点是镜头视角小，所以视野范围相对狭窄；能把远处的景物拉近，使之充满画面，具有"望远"的功能，从而使景物的远近感消失；缩短了景深，把被摄体焦点前后的清晰范围限制在一定尺度内，用以突出被聚焦的部分。其中100mm的镜头一般是微距镜头，200mm以上的适合拍摄风光、人像、体育活动、野生动物等。但这类镜头通常又大又沉，如果缺少防抖的帮助，使用起来限制还是挺多的，一般配合三脚架使用。

**特殊镜头**

特殊镜头指的是具有特殊功能的镜头，在一些特定场合或追求特殊的画面效果，得当地运用特殊镜头往往能起到事半功倍的效果。常用的特殊镜头有鱼眼镜头、微距镜头、折

图片3-127 长焦镜头拍摄 摄影：黎大志

叁 / 利器先行——基础篇

返镜头、柔焦镜头、移轴镜头和增距镜头等。

鱼眼镜头是一种焦距极短并且视角接近或等于180度的镜头。通常在135单反相机里的焦距为16mm，它是一种极端的广角镜头，为了使镜头达到最大的摄影视角，这种摄影镜头的前镜片直径呈抛物状，向镜头前部突出，与鱼的眼睛颇为相似，"鱼眼镜头"因此得名。鱼眼镜头属于超广角镜头中的特殊镜头，它的视角力求达到或超出人眼所能看到的范围。与一般广角镜头相比，鱼眼镜头会产生更大的景深，更夸张地改变画面透视关系，同时也存在更严重的畸变。

鱼眼镜头具有大口径、球根状的前端透镜，这种扩张结构的前端透镜不仅使鱼眼镜头在携带和使用过程中脆弱易损，而且不能附加镜头遮光罩和外部滤光镜，因为这些附件都会阻挡视角，所以使用时遮光片和插入式滤光片都将装在镜头筒内。

图片3-128 长焦镜头拍摄 摄影：黎大志

鱼眼镜头的用途广泛，一般应用于天文、地理和建筑等摄影领域。在拍摄风光时，可令场景显得更有气势，更具有空间感，而拍摄室内环境狭小空间时使用鱼眼镜头可以拍到看似很宽广的空间。用于制作现场实景的全景图时，可以拍摄到更广的场景和更清楚的景深。

微距镜头是一种用作微距摄影的特殊镜头，主要用于拍摄十分微细的物体，如花卉、昆虫和珠宝首饰等。为了对距离极近的被摄体正确对焦，微距镜头通常被设计为能够拉伸得更长，以使光学中心尽可能远离感光元件，同时在

图片3-129 佳能8~15mm 4 L USM 镜头
图片说明：EF镜头首次推出面向专业摄影师和摄影发烧友的L级鱼眼变焦镜头。通过变焦，镜头成像圈大小会发生变化，无论搭配全画幅机型还是APS-C画幅机型都可获得约180度视角的鱼眼效果。如搭配全画幅机型，焦距8mm时可以在水平、垂直及对角线方向上都获得约180度视角的圆周鱼眼效果，焦距15mm时可获得对角线方向上约180度视角的对角线鱼眼效果。搭配APS-C机型焦距10mm以及搭配APS-H机型焦距12mm时可获得对角线方向上约180度视角的对角线鱼眼效果。

图片3-130 鱼眼镜头拍摄 展览空间 摄影：刘韧

图片3-131 鱼眼镜头拍摄 香山午后 摄影：吕不

图片3-133 尼康105mm 2.8G 微距镜头

图片说明：AF-S VR 微距尼克尔 105mm F/2.8G IF-ED镜头是世界上首款带有尼康宁静波动马达(SWM)和防抖(VR)系统的微距镜头。它还包含一系列尼康高级光学技术和特色，如Nano水晶镀膜、超低色散(ED)玻璃和内部对焦(IF)。此镜头可以配合尼康DX格式数码相机和35mm格式胶片相机使用。此款105mm微距镜头带有SWM、IF和VR系统，以满足用户的需要。SWM带来宁静、高速的自动对焦，以及自动对焦和手动操作之间的快速转换。

图片3-132 微距镜头拍摄 摄影：黎大志

镜片组的设计上，也必须注重于近距离下的变形与色彩等的控制，大多数微距镜头的焦长都大于标准镜头。

微距镜头本来的设计目的是为了用于平面物体的翻拍复制，对于镜头的要求自然也是具有很高的影像再现能力，以及完美的复制水平。微距镜头一般有两种结构。一种微距摄影镜头采用内置伸缩镜筒的结构，另一种采用交换镜头内光学镜片组前后位置的结构。微距镜头除了有很小的聚焦距离外，它仍然能对较远处聚焦，而且成像质量不差，因此，微距镜头不用作近摄时，也可当作普通镜头来使用，但由于设计工艺上的限制，微距镜头的口径通常不大。这种镜头的特点是：分辨率相当高，畸变像差极小，反差较高，色彩还原好。

现在一些变焦镜头上也都带有微距功能，只要将镜头调至微距档便可以进行近距拍摄，但由于变焦镜头对像差校正困难，所摄得的影像一般存在较严重的场区和畸变现象，质量远不如微距镜头。

折返镜头又称反射式镜头、反射远射镜头，是超远射镜头的特殊形式。折返镜头相当于在普通镜头的基础上加用了一片中心带孔的凹面镜和一片装在透镜中心的小凹面镜，将通过镜头前端透镜折射进去的光线经过两次反射，使光路折成三段，从而使得镜头的长度比相同焦距的远射镜头缩短一半左右，整个长度只为焦长的四分之一，重量大大减轻，拍摄、携带都显得灵活、方便，而且没有色差，像质优良。折返镜头的外部特征是短而胖。

折返镜头也存在一些缺陷，比如镜头的光圈无法收缩，拍摄时无法控制景深，只能靠中灰度密度滤镜和快门速度来控制，折返镜头的结构使镜头的离轴像差变得很大，因此折返镜头只限于窄视角、长焦距的镜头。对于135相机，折返镜头的典型焦距为500mm或1000mm，固定光圈约F8或F11。

柔焦镜头也称软焦镜头。柔焦镜头在设计上有意保留球面像差，或在镜头内装上一

图片3-134 肯高-图丽400mm折返镜头
图片说明：肯高-图丽400/8 MIRROR LENS采用6片2组的镜头结构，是一个物理焦距为400mm，恒定光圈值为F8的全手动折返式定焦镜头。此镜头如果与等效焦距为2.0的M4/3系统相机搭载使用，焦距指标可获得一倍的提升，实现800mm的超远摄功能。

图片3-135 折返镜头拍摄 摄影：黎大志

片多孔金属片，这些小孔将成像光线进行扩散，从而达到柔光目的。

使用柔焦镜头拍摄的影像有着柔和的光晕，这种光晕通常是画面中强光部分向四周扩散。柔焦镜头特别适合拍摄人像和风光。最能表现柔焦镜头效果的拍摄方式是逆光。

柔焦镜头的柔焦效果和使用时的光圈大小有关，光圈开得大，柔焦效果明显；反之，柔焦效果不明显，甚至消失。

移轴镜头也称透视调整镜头。移轴镜头与普通镜头最大的区别是它的光学主轴可以进行平移、倾斜或旋转，因而在使用此镜头时，可以保持照相机与胶片的位置不变。只要通过镜头的调节，就可使普通的照相机具有大画幅照相机一样的透视调整功能。

站在地上拍摄建筑物时，为了拍摄全貌，相机要稍微向上仰。由于建筑物下部较近，上部较远，会拍出"近大远小"的效果。镜头本身没有变形，产生这种现象的原

图片3-136 佳能135mm 2.8 定焦柔焦镜头
图片说明：把柔焦环扭到0档就是一只成像十分锐利的普通定焦镜头，二档柔焦依据光圈大小变化而变化柔焦强度。

图片3-137 柔焦镜头拍摄 摄影：黎大志

因是因为透视关系。如果正对着建筑物拍摄的话，就可以消除这种透视，但会受到拍摄距离和拍摄高度的限制，所以我们可以使用移轴镜头，用平移镜头来解决这个透视问题。

移轴镜头还有一个主要的特点是可以控制景深大小，在控制景深的能力上做得很强大，可以在画面里做到一条线清晰或者一个斜面全部清晰，这是普通镜头难以达到的效果。

移轴镜头主要用于建筑摄影与广告摄影。由于使用范围比较窄，所以135单反相机的移轴镜头比较少。

严格来说，增距镜头只是镜头的一个附件，不能单独使用，它是安装在镜头和照相机之间的光学附件，可以放大影像。增距镜头具有不同的放大量。常见的有1.5×、2×和3×等，其所改变的镜头焦距

图片3-138 佳能TS-E 17mm 4L 移轴镜头
图片说明：这是一款搭载了移轴机构的L级超广角镜头。它能够通过倾斜或偏移局部镜身来改变光轴，进而控制焦平面和拍摄范围。通过使用这些功能，不但可在较大光圈下对画面深处合焦，从较低位置拍摄高层建筑物等被摄体时也能矫正扭曲变形，能够获得垂直的成像。

图片3-139 移轴镜头拍摄 摄影：吕不

倍率分别是1.5倍、2倍和3倍。在135单反相机上100mm的镜头与1.5倍的一起使用时，焦距变为150mm；如果跟3倍的一起使用时，焦距变为300mm。

增倍镜的特点是体积小，重量轻，携带方便，而且价格也比较低廉。它的不足就是在使用过程中会将镜头原有的光孔缩小，通常1.5×的增距镜会使镜头光孔缩小一级，2×和3×增距镜分别是镜头光孔缩小2级和3级。当增距镜与小口径镜头配合时，会使取景屏变得昏暗，给取景与聚焦带来不便。增距镜的另一个不足之处是会影响影像的成像质量，也就是说，影像不如相同焦距同等质量远射镜头所能得到的影像那么清晰。

图片3-140 佳能1.4倍增倍镜

图片说明：能够将EF镜头的标记焦距扩展至1.4倍的高性能增倍镜。EF 1.4× III与EF镜头组合使用时，虽然会降低相当于约1级的有效光圈，但多数对应的镜头仍能完成自动对焦下的拍摄。

图片3-141 佳能2倍增倍镜

图片说明：作为一款高性能增倍镜，可使所安装主镜头的焦距延长约2倍。使用增倍镜以后，有效光圈会降低2级，但像差被抑制到很小，从而实现具有高分辨力且高对比度的画质。镜头内部搭载了微型芯片，可实现镜头、增倍镜与相机之间的数据传输，实现了与镜头、相机的兼容性。

### 3.3.3 通过镜头名称来了解镜头的规格

在没有摄影方面基本常识的情况下，看镜头名称中的一系列参数时，感觉像暗号一样，看不懂其中的意思。但每个品牌都有自己的一套体系，并不是所有镜头都是一个规格。下面我们以佳能和尼康为例，简单介绍一下读取镜头规格的方法，从而了解镜头具有哪些功能以及如何区分镜头的特性。掌握了这些知识后，即使只看到镜头名称，也可以大概掌握该镜头所具有的功能。

**佳能镜头规格的读取方法**

在研发和生产镜头的过程当中，每当佳能公司在镜头中添加某项新功能时，就会把相关功能在其产品名称中的简写代码放入其中。以Canon EF 24~70mm F/4L IS USM为例，说明一下其名称中各参数的含义。

图片3-142 1.5倍增倍镜拍摄 摄影：黎大志

| | |
|---|---|
| Canon | 这是表示镜头的制造商，表示该镜头由佳能公司制造。|
| EF | 这是Electronic Focus的缩写，表示自动对焦功能。也是佳能EOS系列的产品名称及EOS原厂镜头的系列名称前缀。|
| 24~70mm | 这表示镜头的焦距。一般以50mm的镜头为标准镜头，该镜头是可以从24mm短焦调节到70mm中长焦的变焦镜头。|
| F/4 | 表示最大光圈的光圈值，属于恒定镜头。一般变焦镜头都是F3.5~F5.6，在最近焦距时是F3.5，在最远焦距时是F5.6。光圈口径越大，数值越小。而制作大口径恒定光圈的变焦镜头技术比较复杂，成本较高，所以一般恒定光圈的变焦镜头都比较贵，并且焦距都不会太长。|
| L | 这是表示Luxury(豪华)，是佳能高端镜头的表示方法。如果佳能镜头名称中带有"L"的，则表示此镜头采用了佳能先进的技术和昂贵的材料，具有极佳的成像质量。L镜头的明显标志是镜筒上有个醒目的红圈。|

| | | |
|---|---|---|
| IS | 这是Image Stabilizer的缩写，表示镜头具有防抖功能，能在一定程度上提高拍摄的稳定性。 | |
| USM | 这是Ultra Sonic Motor的缩写，表示镜头上装载有超声波马达。它能够使对焦更快、更准确、更安静。主要用于佳能高端镜头中。 | |
| EF-s | 这表示只能用于APS-C画幅机身的佳能EF镜头，S是Short Back Focus的缩写，是专门针对数码单反设计的镜头，也叫数码镜头。它不能在全画幅相机上使用。 | |

图片3-143 佳能24~70mm 4L IS USM镜头

| | |
|---|---|
| TS-E | 这是Tilt Shift EOS的缩写，表示佳能EOS专用移轴镜头。这种镜头的特点是能纠正透视变形、调整焦平面位置，一般多用于商业摄影。 |
| AL | 这是Aspherical Lens的缩写，表示非球面镜头。 |
| DO | 这是Diffractive Optics的缩写，指衍射光学元件可以矫正像差，还可以使镜头紧凑，减小镜头的体积和重量。 |
| FP | 这是Focus Preset的缩写，表示该镜头具有焦点预设功能。只要设定对焦距离，镜头便能自动回复到所设置的对焦距离。 |

### 尼康镜头规格的读取方法

尼康镜头比佳能镜头提供的参数更多。刚开始会觉得有些复杂，但我们可以从中更加准确地了解镜头的规格和相关功能，从而带来便利。以AF-S DX Nikkor18~200mm F/3.5~5.6G ED VR II为例。

| | |
|---|---|
| AF-S | 这是AutoFocus Silent-motor 的缩写，表示镜头上有SWM超声波马达。等同于佳能的USM超声波马达，可高精度和宁静地快速聚焦。 |
| DX | 这是专门为APS-C画幅机身数码专用镜头。相当于佳能的EF-S镜头。不可用于全画幅机型上。 |
| Nikkor | 这是尼康生产的所有镜头的总称，中文叫尼克尔镜头。 |
| 18~200mm | 所有镜头的焦距是统一的，这个表示最小焦距为18mm，最大焦距为200mm。 |
| F/3.5~5.6 | 这表示光圈值是从F3.5到F5.6的非恒定光圈。 |
| G | 表示必须在机身进行光圈调整的镜头。这种镜头无光圈环，减轻了镜头重量，降低了生产成本。 |
| ED | Extra-low Dispersion 超低色散镜片，拥有此标识的尼康镜头采用了复消色散设计和特殊低色散玻璃镜片，用于减少彩色像差，从而提高长焦镜头成像质量，改善反差和提高清晰度。 |
| VR | 这是Vibration Reduction的缩写，电子减震系统，表示该镜头支持 |

防抖。

II 镜头升级后第二代产品的标志。

每个品牌都有自己独特的相关参数，如索尼、宾得，还有专门生产镜头的厂商如适马、腾龙等。如果遇到这些品牌的镜头，可以参照它们所给出的说明书。

图片3-144　尼康18~200mm 3.5~5.6GII ED镜头

### 3.3.4　如何给自己选择镜头

每个人在买单反相机的时候，都会碰到选择镜头的问题，一部入门级数码单反相机通常都会搭配一款套机镜头，这样就免去了初学者选择镜头的烦恼。但如果想不断提升自己的摄影技术和实践能力的话，怎样去选择镜头呢？选择定焦还是变焦？选择一机两镜还是一镜走天涯？还是直接买全画幅镜头或是红圈金圈镜头？

首先要看自己的经济实力，所谓"摄影穷三代"，虽然只是对摄影的一种调侃，但也反映出了对摄影的一种感觉，摄影器材确实比较贵。有的镜头动辄十多万元，一般好一点的常用镜头都要一两万元。

其次就是看你要拍摄什么题材的作品，不同题材的作品要选择不同焦段和价位的镜头，比如，野生动物摄影就需要长焦镜头；拍摄建筑摄影则需要广角镜头或是移轴镜头，拍人文景观则需要变焦的广角镜头，这样方便取景。在摄影器材中，没有一款镜头是完美的，既覆盖了各个焦段又有大光圈，价格还实惠。如果想拍单一题材又希望成像效果超棒的话，建议购买定焦镜头，定焦镜头的优势是体积轻，成像质量好。专门拍人像，一般使用85mm的定焦镜头；拍花草昆虫，一般选择100mm左右的微距镜头。

一般情况下，摄影初学者都会选用天涯镜。天涯镜是一款变焦镜头，从广角到长焦都覆盖了，而且价格实惠。比如佳能18~200mm、尼康28~300mm等，看到这些焦段，大概都会想到这是旅行用的最佳配置，既可以用广角拍风景，又可以用长焦拍人物或者飞鸟。天涯镜与恒定光圈的变焦镜头相比，重量轻是绝对优势，几乎相差一倍，加上焦段变化灵活，仍然值得考虑。它的不足是在成像质量上，会逊色于恒定光圈的变焦镜头和定焦镜头，另外在光线较暗的情况下，加上镜头本身的浮动光圈，拍远距离物体时容易拍虚，所以在使用过程中应注重拍摄技巧。

边塞流光　摄影：黎大志

# 肆／万变不离其宗——理论篇

构图
光线
色彩

在一幅完整的摄影作品中，内容和形式是一个密不可分的统一体，它们相互作用、相互依存。任何一张好照片都可以通过构图、光线和色彩的设计来表达主题、情感与视觉效果。一幅好的摄影作品，首先要确定一个好的主题，反映主题最重要的形式是画面的构成，也就是构图。其次是运用光线和色彩来加强画面的艺术效果。

## 4.1 构图

构图是摄影者对所拍摄题材及其表达方式的画面选择，是画面中各种因素之间内在联系的位置关系，是摄影者对所拍摄内容的认知、感悟、提炼和艺术选择方式。

### 4.1.1 构图的基本要求

**主题明确、主体突出**

一张照片的核心就是主题，也就是要表达的中心思想。主体是表现主题思想的主要对象。

通常，我们把画面分成主体和陪衬体两个部分。在构图时必须重视主体，把主体放在醒目位置。

主体是一幅画面的核心，一幅优秀画面的最佳位置就是它的视觉中心，安排主体的地方同时也是人们最感兴趣的地方。在拍摄时，要利用一切手段，突出画面的视觉中心，增强照片的感染力。

陪衬体就是画面的次要部分，它与主体构成一定情节，以更加清楚地表达主体的特征和内涵。陪衬体过多或太过突出会削弱主体的份量。在实际拍摄过程中要避免喧宾夺主。

图片说明：作者通过对构图与光线的应用，展现出北京的春天气息和人们美好的憧憬。

图片4-1 春满枝头　摄影：黎大志

图片4-2 教学相长
摄影：黎大志

图片说明：这幅照片抓拍到了老师和学生互动的瞬间，老师作为主体位于视觉中心。学生作为陪衬体共同说明画面的内涵。

### 画面简洁

简洁是摄影构图的另一个基本要求。在拍摄时,难免会遇到一些杂乱的场面,但这些场面的构图也要尽量做到简洁,并努力使被摄主体在画面中突出,避免淹没在杂乱的环境中使人们注意力分散。同时简洁的画面能减少视觉疲劳,留给人们更多想象的空间。

### 表达形式美

摄影作品要通过一定的形式来表现其主题内涵和意境。摄影者通过空间布置、光线利用和色彩搭配等形式,使作品尽可能具有对称和均衡、对比和调和、节奏和韵律的视觉美感。

图片4-3 沐浴阳光 摄影:黎大志

图片说明:清晨的太阳照耀在散发着雾气的草原上。作者利用三分构图法使画面既稳定又充满生机,羊背上的光晕勾勒出层次感很强的轮廓,使整个画面在强对比下有细节的表现。

## 4.1.2 构图中的点线面的应用

点、线、面都是构图中的基本要素。被摄物是否被看成点、线、面,取决于它在画面中所占比例的大小和形状,反映出摄影师对画面中主次关系与美感的把握。

### 点

点,指在摄影画面中呈现点状或被看作点状的被摄体。它自身的形状可以作为画面的重要组成部分,跟其他部分在画面中相呼应,形成特有的视觉效果。

点的位置不同,对人的视觉感受也不相同。点既可以作为画面主体,也可以作为画面陪衬体的构成。

图片4-4　画面中心点　摄影：黎大志
图片说明：画面中心的点，给人感觉是整个画面比较集中，其余部分都有向中心靠拢。

图片4-5　多点画面　摄影：黎大志
图片说明：大小相同的点有利于物体间产生比较，通过物体的形状、颜色、影调等相互对比产生呼应，合理地利用它们之间的关系可以均衡画面，使画面更精彩。

图片4-6　画面边缘的点　摄影：黎大志
图片说明：画面边缘的点，容易吸引人的注意力，从而引导画面的视觉中心转移。

图片4-7　大小不一的点　摄影：黎大志
图片说明：大小不一的点出现在同一画面中，根据人们的视觉习惯，视觉中心会产生从大到小或者从小到大的转移，这样的视觉效果明显，能很好地突出主体。

### 线

线条是构图的重要组成部分，如同一幅照片的"骨架"。人们的视线往往会随着线条移动，无论它们是由道路、排成行的笔直树干和电线杆等构成的明线条，还是隐含在形体、色调和颜色轮廓中的间接线条，都是如此。在摄影构图中常见的线条有：垂直线、放射线、横线、斜线和曲线等。欣赏者的视线随着线条的轨迹延伸，可以感受到画面内的动感、韵律和不同的情感。

垂直线条给人有力、坚挺、高耸和深远的感觉。而单调、平行的竖线有时则会留给人呆板的感觉。放射线是由一点出发向周围发射的线条，放射线构图能够表现一种开放性和跃动感，一般由某个集中点向上下或左右伸展开来，它可以表现出舒展的开放性和一定的力量感。水平线可以使画面产生一种静态美感，所表现的画面比较平稳，用水平线构图能很好地表现开阔的视角和壮观的场景。斜线呈现上升或者下降的变化，有很强的运动趋势，适合表现物体的动感。曲线是造型能力最强的线条，它所表现的情感较为丰富。曲线能够在画面中以向上、向下或者向左、向右等方向进行弯曲，可以增强画面的空间感和柔美，体现人的情感起伏。

 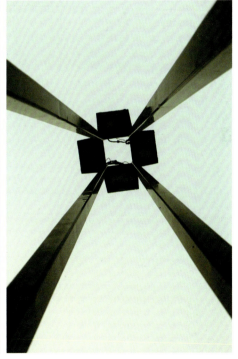

图片4-8 垂直线 摄影：黎大志
图片说明：垂直的线条刚直、有力，可以促使视线上下移动，显示高度，造成耸立、高大、深远和向上的感觉。

图4-9 放射线 摄影：蒋小宇
图片说明：以仰拍的角度来拍摄垂直的几个柱子，通过近大远小的透视关系，拍摄出放射线的效果，由上向下舒展开来，有一定的力量感。

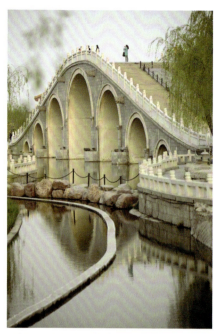

图片4-11 斜线 摄影：黎大志
图片说明：斜线表达活泼、生动、不稳定，给人一种从一端向另一端扩展的感觉，有一定的动感。

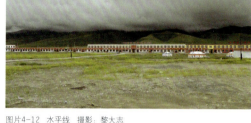

图片4-10 曲线 摄影：黎大志
图片说明：曲线通常柔美、圆通，作品中多个大小、形状不一的曲线表现出画面中的景观错落有致、曲径通幽。

图片4-12 水平线 摄影：黎大志
图片说明：水平线在摄影构图中适合于表现宽阔的大场面，如群众集会和优美的山川风物等，可强调画面的辽阔、宁静，线条的感情色彩能表现得恰如其分。

## 面

　　线的移动产生面，面具有长度和宽度。古诗云："横看成岭侧成峰，远近高低各不同。"说明了人从不同的观察面和不同的距离看到的物体面貌是不一样的。摄影也是同样的道理，有的面很精彩，有的面很平淡，关键看我们怎么去发现、去寻找。

　　从摄影构图的角度来看，一幅照片就是一个大面，它里面可包含着大小不一的面。照片中的面可以使欣赏者的视线有平稳的过渡，并且面的明暗能够为摄影作品增加立体感，表现出弹性、膨胀、生机勃发等感觉。由于它们之间的色彩效果、虚实情况、画面比例以及排列上的错落有致构成了画面的整体美感，因此，画面中构成面的分割、安排和处理是摄影构图最基本、最关键的元素。

图片4-13 规则的平面 摄影：黎大志
图片说明：作品前景的平面表现出画面规则、平稳的空间视觉效果。

肆 / 万变不离其宗——理论篇

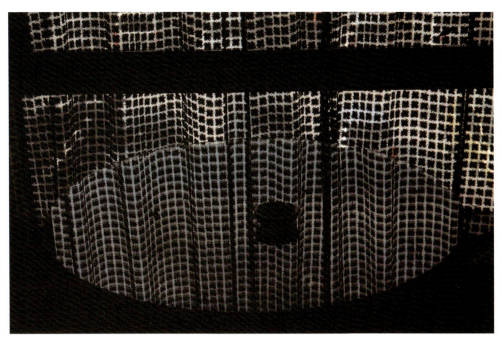

图片4-14 点、线、面组合 摄影：黎大志
图片说明：作品通过点、线、面的组合，展现特定场景的氛围和空间构成。

图片4-15 不规则的平面 摄影：黎大志
图片说明：多个不规则的平面构成的画面，给人以更生动、厚实的立体视觉效果。

图片4-16 左右对称 摄影：黎大志
图片说明：在我们的生活环境中，自然对称和人工对称的事物随处可见，这幅画面总体属于人工的左右对称，还有部分实物和光影的上下对称。

### 4.1.3 构图的形式美法则

构图的形式美法则是艺术家们通过长期的艺术实践,用科学的方法总结出来的,它符合人们共有的视觉审美习惯和美学规律。

**对称与均衡**

对称就是指画面中的图形或物体,在大小、形状上相对某个点、线、面具有一一对应关系。有左右对称、上下对称、中心对称等多种形式,可以产生一种稳定感、牢固感。在现实生活中,对称的事物很多,动物的身体结构是对称的,植物的枝叶也是对称的,工业产品中也有许多产品如飞机、汽车等都是对称的,常常也能见到物体及水中倒影是对称的。

图片说明:在拍摄水边建筑物时,可利用水中的倒影来拍摄主体物,特别是夜晚灯光开启时,可以除去其他杂物,它们之间自然而然地成为了上下对称的关系。

图片:4-17 上下对称 摄影:黎大志

均衡是两个或两个以上的物体在画面中等量不等形的视觉平衡。对称是均衡的一种特殊形式。均衡一般不是通过简单图案的量化对称实现平衡,而是通过画面不同的疏密留白及色彩等达到意象的和谐与平稳。大与小、多与少、疏与密、黑与白、冷与暖等要素,通过在二维空间的布局达到视觉平衡。我们在拍摄的时候,应尽量满足视觉的平衡需求。

图片4-18 色彩均衡 摄影:吕不

图片4-19 画面均衡 摄影:吕不

图片说明:盛夏雨后,夕阳西下,暖色的晚霞如火般映射天边,画面中蓝天的冷色与晚霞的暖色产生强烈的色彩对比,由于比例的关系使得画面中的色彩并不冲突,特别是在下方重颜色的衬托下,反而显得十分和谐与均衡。

图片说明:这是上海世博会的演艺中心与世博轴"阳光谷",演艺中心的体量感重,但在画面中所占的比例小,而且位于画面下方,世博轴"阳光谷"由玻璃材料构成,通透、体量感轻,大面积出现在画面中时是比较轻盈的感觉,在构图中利用比例的大小对比使得画面保持均衡。

## 对比与调和

对比就是把画面中所有对象的各种形式要素间不同的质和量进行对照,使其各自的特质更加突出。对比是摄影构图中最具有表现力的方式之一,它可以使画面中的主体在众多要素中更加突出。对比的形式很多,比如大小、虚实、明暗、疏密、浓淡、冷暖、动静、善恶等。在实际拍摄中结合主题,运用各种对比形式,可以拍出精彩的画面。

图片4-20 虚实对比 摄影:黎大志
图片说明:作品通过对画面中的竹子及竹影由对焦产生的虚实对比和利用光照产生的明暗对比,使画面对比效果更强。

图片4-21 色彩对比 摄影:黎大志
图片说明:色彩对比在自然界中是比较常见的,如红花绿叶等,在这幅画面中,黄色的郁金香和紫色的郁金香形成鲜明的色彩对比。

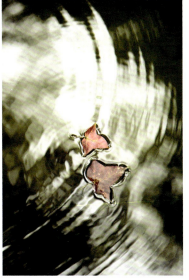

图片4-22 动静对比 摄影:黎大志
图片说明:动静对比也是在自然界和生活当中比较常见的,画面中的树叶落在池塘里,水的动感和清晰的树叶形成动静对比。

调和是在类似或不同类的视觉元素之间寻找相互协调的因素，是避免视觉的过度冲击、建立色彩和谐统一的重要手段。

许多摄影画面常表现为既对比又调和。对比为加强差异，产生跳跃和冲突；调和为寻求共同点，平稳过渡，缓和矛盾。两者相辅相成，共同营造画面的美感。

图片：4-23　面积调和　摄影：黎大志

图片说明：这幅画面中大面积的蓝天与白云，与草地形成强烈的明暗对比，白云在其中起到了调和的作用。

图片4-24　色彩调和　摄影：黎大志

图片说明：和谐的另一种方式是指不同的事物合在一起之后所呈现的和谐、有秩序、有条理、有组织、有效率和多样统一的状态。画面中的色彩通过有条理的放置，形成了有组织的色彩调和。

## 节奏与韵律

节奏与韵律是摄影构图的重要手段之一。它是画面线条、形状、影调、色彩的有序重复交替和变化。

节奏，原本是音乐术语，摄影画面上的节奏是同一视觉要素连续重复时所产生的运动感。摄影作品中的线条或形状、色彩等可以达到不同的节奏效果，从而激发观众内心的不同感受。

韵律，是指有规则的形象与色群的变化，从而产生的旋律感，是不同节奏作用下形成的某种主调或情趣。

视觉节奏和韵律是利用构图的形态元素，如点、线、面、形状和色彩以及其大小、长短、疏密、冷暖、影调的浓淡以及远近层次所创造的。

图片4-25 节奏与韵律 摄影：黎大志

图片说明：节奏和韵律是摄影中的一种重要构图方法，当一张照片中包含富有韵律和节奏感的要素时，能让观看者产生一种审美上的愉悦感。作品通过有规则的建筑物在水面中的倒影，在水波的荡漾中产生有规律的波动，从而使画面呈现出规律性的节奏效果，使画面具有韵律感。

图片4-26 漩涡 摄影：黎大志

图片说明：摄影节奏是各要素在平面内相互配合进行有规律的变化、重复所产生的。这幅画面中的节奏属于动态视觉节奏，来源于波浪的起伏，大面积的深色与银色的反光产生节奏感。

图片4-27 韵律 摄影：黎大志

图片说明：通过画面前景的拱门结构中的点、线、面等元素有规律的出现，使作品具有韵律感。

### 4.1.4 典型的构图方法

**三分法构图**

三分法构图是比较常用的一种构图法则，是指把画面横竖分三份，形成"井"字形，井字形的四个交叉点都属于"黄金分割点"，是观众目光最集中的地方，也是趣味中心的最佳位置，每一份的中心都可放置主体。这样的构图方式适宜表现平行焦点的主体，也可以表现大空间、小对象。三分法构图，构图简练，主体表现明确，能用于不同景别的拍摄。

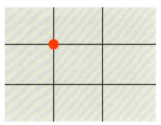

图片4-28　三分法构图　摄影：黎大志　　　　　　　　　　图片4-29　三分法构图示意图

**中心式构图**

中心式构图是指将被摄主体呈现在画面中央的构图方式，这种构图方式让拍摄主体在画面中占统治地位，其他景致布置均衡，以达到画面主次分明、饱满均匀的效果。

中心式构图能让人感觉到被摄体的魅力，给人以稳定无杂乱感，且视觉冲击力强。一般而言，拍摄的主体是画面的核心，在多数画面中，它不但是表达内容的中心，也是画面结构的中心。主体在画面中的不同位置会影响人们视觉的均衡感。将主体置于中心位置，则构图稳定，视觉均衡；但有时也会显得呆板，没有生气，而且容易使观看者的目标锁定画面中心的主体物而忽视画面中的其他内容。

图片4-30　中心式构图　摄影：吕不　　　　图片4-31　中心式构图　摄影：黎大志

### 三角形构图

三角形构图指把画面的主体放在三角形中或影像本身就是三角的形状。这种构图有自然形成的，也有阴影形成的。正三角形构图，能产生稳定感；倒三角形构图则有动感的效果。在自然形成的三角形构图中，斜三角形较为常用，更别致、灵活，在全景画面中效果最好。可用于近景人物、特写等题材的拍摄。

图片4-32 倒三角形构图　摄影：黎大志　　　　图片4-33 正三角形构图　摄影：黎大志

### 对角线构图

对角线构图是将拍摄主体放在对角线上，利用画面对角线的方向或线条对观众产生引导，使画面产生了极强的动势，表现出纵深的效果。其透视也会使拍摄对象变斜线，引导人们的视线到画面深处。

图片4-35 对角实线构图　摄影：黎大志

图片4-34 对角虚线构图　摄影：黎大志　　　　图片4-36 对角虚线构图　摄影：黎大志

## 水平线构图

在拍摄中经常遇到湖面水平线和地平交界线等，这是在摄影中经常出现的一种构图方式，水平线构图指拍摄的画面上的景物呈现出的横线形式。水平线构图具有平静、安宁、舒适、稳定、宽阔等特点，常用于表现平静的湖面、宽广的田野和一望无际的草原等。

图片4-37 水平线构图 摄影：黎大志

## 竖线构图

竖线构图是常见的构图方式之一。

竖线构图是把垂直的物体放在画面的主要位置，可以促使视线上下移动，显示高度、纵深和力量，形成耸立、高大、挺拔、向上的印象。常用于建筑摄影、风光摄影、人物摄影和商业摄影中。

图片4-38 竖线构图 摄影：黎大志

## 曲线构图

曲线构图所包含的曲线为规则曲线和不规则曲线。曲线象征着优雅、浪漫、柔美，会给人一种美好的感觉。摄影中常常提到曲线构图，曲线构图是很容易掌握的一种摄影构图方法，在日常生活中很容易发现，如公园草地上的小径、小河，山中的溪水、小路或盘山公路，这些都是自然景观中很常见的素材。典型的曲线"S"形构图，像是两个圆的局部连接起来，具有一种飘逸、摇摆的感觉。还有些折线构图如"Z"形，其感觉相比"S"形要刚硬些。

图片4-39　曲线构图　摄影：黎大志

图片4-40　S形曲线构图　摄影：黎大志

### 前景式构图与背景的选择

大多数拍摄对象都是由多层景物构成的，一般而言，位于主体之前的景物叫做前景,位于主体之后的叫作背景。前景是摄影构图中不可忽视的因素，它能起到突出主体、增加照片空间感和纵深感、装饰美化画面、使构图富有变化的作用。常常采用的方式如一道漂亮的拱门、古老的牌楼、普通的窗户、交错的树枝等，这些结构可以给画面增强透视效果，增加纵深感，会把观者的视线引向拍摄的主体，突出主体形象，交代环境。

背景位于主体之后，多用于说明和衬托主体，在新闻和旅行摄影中比较常用。另外，适当选择背景可净化、美化画面，烘托气氛和突出主体。以人物为主体的照片，前景与背景的作用十分重要，通过人物与背景的相互关系可揭示人物的内心世界。

图片4-41　框式前景　摄影：黎大志

图片4-42　边角式前景　摄影：黎大志

图片4-44　镜面式前景　摄影：黎大志

图片说明：在拍摄过程中，利用好镜面反射来拍摄照片是很有意思的，镜中的倒影和实物虚实结合，融为一体。

图片4-46　复杂背景　摄影：黎大志

图片说明：这幅画面利用长焦拍摄，利用杂乱的背景和不稳定的构图，更加凸显出喇嘛赶路的急切心态。

图片4-43　前景与背景结合　摄影：黎大志

图片说明：这幅画面利用前景与背景的结合，传递给观者很明确的画面信息，突出主体所处的环境。

图片4-45　单色背景　摄影：黎大志

图片说明：选择合适的背景来突出主体、烘托气氛，在画面中利用水面作为画面的背景，使得画面在色彩的呼应中更和谐。

## 4.1.5 拍摄距离与角度对构图的影响

### 尝试不同的拍摄距离

拍摄距离不同带来景别的变化。我们可以通过距离的远近变化，来确定景物形象的大小以及所包含的空间范围。确定拍摄范围主要通过两个方面：选择拍摄的距离与确定所使用镜头的焦距。通常所说的景别包括远景、全景、近景和特写。

远景视野深广、宽阔，多用来表现地理环境、自然景观。远景画面的特点是开阔、壮观、有气势，其画面通常简单、清晰，能表现出一些宏大形体的轮廓线。其缺点是不能鲜明地表现出被摄体的细部。

全景以主体的存在为前提，主要是用来表现被摄体对象全貌或者被摄体人物全身，同时保留一定范围的环境和活动空间。全景有时可以分为人物全景、物体全景和景物全景等。与远景相比，全景照片有明显的中心和主体，重视表现特定范围内某一具体对象视觉轮廓形象，突出视觉中心。如果采用全景构图，要注意主体外部轮廓线条的完整，注意处理好主体与周围环境的关系。

图片4-47 远景 摄影：黎大志

图片4-48 全景 摄影：黎大志

中景介于全景与近景之间，是表达人的膝盖以上部分或场景局部的画面。它既有全景的某些特点，又不失特写的妙处，可充分表现被摄体的手势和形态，表现被摄体与周围的关系。

近景是表现人的胸部以上部分或者物体局部的画面。它以表情、质地为表现对象，常常用来表现人物的精神面貌和物体的主要特点。与中景相比，近景空间范围进一步缩小，内容更趋单一，环境和背景作用进一步降低，吸引注意力的是画面中占主导地位的人物形象或被摄体。

特写是表现人头部或者被摄对象局部的画面，从细微之处揭示被摄对象内部特征及本质，画面内容专一、集中，可起到放大形象、强化内容、突出细节、质感或神态等作用。特写照片有时候是用微距镜头或长焦镜头从极近的距离或长焦距拍摄的，给人印象较为深刻。

图片4-49 近景 摄影：黎大志　　图片4-50 中景 摄影：黎大志　　图4-51 特写 摄影：黎大志

### 尝试画面的横竖构图

拍摄照片时的构图原则和绘画时要考虑的画面构成完全相同。拍摄者完全可以将取景器想象成画布，接下来在画布上均衡地安排被摄体。就像绘画时，我们有时将画布竖起来，有时横过来一样，拍照片时也可以选择横拍或者竖拍。这要根据被摄体的大小及周围的环境来定，横构图能表现出画面的宽阔感，而竖构图则可以表现出画面的纵深感。

图片4-52 横构图 摄影：黎大志　　　　　　　图片4-53 竖构图 摄影：黎大志

### 尝试不同的角度

摄影不同于绘画，对于同一对象，绘画时每个人都会有自己的绘画风格，不同的人画同一对象，也会有不同的感觉。而摄影不一样，如果光线环境相同，站的位置相同，相机设置参数相同，那么大多数情况下，拍摄出的内容是基本一致的，从画面中很难看出独特的风格。所以，需要通过构图来打破这种关系，而尝试不同的角度，是最快、最有效的一种解决方式。

## 风光的不同角度拍摄效果：

图片4-54 俯拍

摄影：黎大志

图片说明：俯拍是高于被摄者主体向下的拍摄活动，有利于表现地平面上的景物层次、数量和地理位置等，能给人以辽阔、深远的感觉。

图片4-55（左） 平拍

摄影：黎大志

图片说明：平拍是镜头与被摄体在同一水平线上进行拍摄。平面构成的画面效果符合人们通常的视觉习惯，在拍摄人物时，能使人感到亲切、平等。

图片4-56（右） 仰拍

摄影：黎大志

图片说明：仰拍是镜头低于被摄体主体向上拍摄，有利于突出被摄主体高大的气势。将向上伸展的景物在画面上充分表现，有利于强调被摄对象的高度。

## 人像的不同角度拍摄效果：

图片4-57 仰拍人像 摄影：吕不

图片说明：低角度仰拍，有利于突出被摄者身材及高挑的气质。

图片4-58 平拍人像 摄影：吕不

图片说明：平拍让人感觉有亲和力。

图片4-59 俯拍人像 摄影：吕不

图片说明：俯拍人物时要注意，由于透视的关系，头会变大，身体变细，很有戏剧感。

## 4.2 光线

人们常说摄影是光和影的艺术,没有光就没有摄影。客观世界存在的一切物体,之所以能看到它们的形状、色彩和空间位置等,都是由于光照的结果。光照的强弱是观察物体清晰程度和辨别颜色的主要因素,各种景物在不同的光照条件下都会有不同的变化。

光线在摄影中主要是满足摄影技术上对照度的基本要求,表现出被摄体的形态、色彩、空间位置等,突出被摄主体,渲染现场气氛,表现时间与气候特征。摄影的常用光为可见光,主要来自于太阳或者其他辐射的能量流,也就是自然光(日光)与人造光(灯)。光以波的形式传播,不同波长的光呈现不同的颜色。

图片4-60 小溪晨光 摄影:黎大志
图片说明:清晨,阳光透过树林照射大地,山林和田野充满生机与活力。

在自然光线中,摄影通常会有两种用光方式:一种是等待合适的光线。美国当代风光摄影大师迈克尔·法特利可谓是一位等待大师,为了拍摄出一幅有出色光线的照片,他常常会在一个地方等待几个小时甚至几天的时间。我们经常会听到摄影者谈论"好"或"坏"的光线,这其实只是光线是否能与主题相吻合的问题。第二种选择比较适合那些缺乏耐心的人和那些没有太多时间在某一固定地点来摄影的人。

光线主要包括四种特性:光线的强度、光线的性质、光线的方向性、光线的颜色。

### 4.2.1 光线的强度

光线的强度指光源照射到被摄体时所呈现出来的亮度。光源强时,被摄体表面就会比较明亮,所拍摄物体的色彩、造型、质感等都可以得到很好的呈现;反之,在光源弱的时候,所拍摄物体的色彩、造型、质感等光泽会比较低沉。

光亮的反差，又称明暗对比，指光源照射到物体时，被照射物体本身所呈现出的亮部和阴影。有光线照射的地方画面是明亮的，没有光线照射的地方就是画面的阴影。同样的光线，对不同颜色物体表面所产生的反射不同，也可以成为光亮反差。

适当的反差能给画面带来更好的视觉效果，让画面具有空间感。但并不是反差越大越好，画面上过大的反差会给曝光带来困难，由于数码相机的曝光宽容度有限，必须根据画面的要求对明暗部分进行取舍，也可利用人工辅助光或反光板等辅助工具，提高被摄体局部亮度，缩小画面反差，达到画面的亮度平衡。

图片4-61　低反差　摄影：黎大志

图片4-62　高反差　摄影：吕不

### 4.2.2　光线的性质

光线的性质是指光的软硬特性，从光质上讲，有硬光和软光之分。

硬光带有明显的方向性，又称直射光，如太阳直射光、路灯、台灯等聚光。

硬光的照射下，被摄体的受光面、背光面和影子是构成被摄体立体形态的有效因素。硬光照射的受光面和背光面之间的亮度间距比较大，也就是景物反差大，可以造成明暗对比强烈的造型效果。照明特点是产生阴影清晰而浓重，被摄体轮廓鲜明，反差高。

软光没有明显的方向性，软光照明在被摄体上不会产生明显的阴影，分为散射光和漫射光。一般常见的软光照明面积较大，光线比较均匀，被照明的物体各个角度的亮度比较接近，所以照片上表现出的

图片4-63　傍晚硬光　摄影：黎大志

影调比较丰富。由于软光照明缺乏明暗反差，影像平淡，对于被摄体形态的表现要依靠被摄体自身的色彩及明暗差异来完成。散射光一般在有雾的天气里，或在树荫下和建筑物的阴影下，光线来自各个方向，产生的阴影柔和而不清晰，无方向感，立体感较弱；漫射光一般是在多云的阴天里，或者在影楼的柔光箱、柔光灯下，光线柔和，没有深暗的阴影，有一定的方向感，立体感比硬光稍弱。

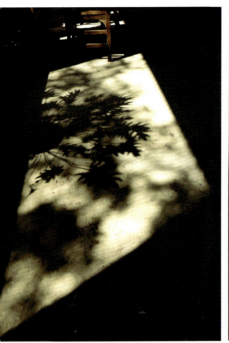

图片4-64　正午硬光　摄影：黎大志　　　图片4-65　漫射光　摄影：黎大志　　　图片4-66　散射光　摄影：黎大志

图片4-67　硬光　古城遗风　摄影：黎大志

### 4.2.3 光的方向性

光的方向性也叫作光位，光源相对于被摄体的位置，即光线的方向和角度，不同的光位会产生不同的明暗效果。它分为七种基本类型的光线：顺光、侧顺光、正侧光、逆光、侧逆光、底光和顶光。

#### 顺光

顺光，指光线的投射方向与拍摄方向相同的光线。在这样的光线下，被摄体受光均匀，景物的阴影都投射在不可见的景物背面。画面色彩均匀，如果要表现景物的艳丽多彩，这是最好的照明形式。缺点是由于没有一点阴影，画面色调和影调的形成只能靠对象自身色阶区分，画面层次平淡，缺乏光影变化，通常被称为平光。

图片4-68  顺光  摄影：吕不

#### 侧顺光

侧光是摄影最常用的一种光线，是指光线的摄入方向是从拍摄点的左侧或右侧方向照射到被摄体，侧光在被摄体上形成明显的受光面、阴影面和投影。画面明暗配置和明暗反差鲜明清晰，景物层次丰富，空气透视现象明显，有利于表现被摄体的空间深度感和立体感。

图片4-69  侧顺光  摄影：黎大志

侧顺光是指光源方向与照相机拍摄方向成锐角的夹角关系。这种光线能产生明显的对比，影子修长而富有表现力，表面结构十分明显，每一个细小的隆起处都产生明显的影子。采用顺测光拍摄，可造成较强烈的造型效果。人物摄影中，也往往用侧光来表现人物的特定情绪。有时也把它用作装饰光，突出表面画面的某一局部或细节。

图片4-70  正侧光  摄影：吕不

#### 正侧光

正侧光是光线与拍摄方向成90度的夹角关系。这种光线能让被摄体有鲜明的层次感和立体感，是表现质感的最佳光线之一。

#### 逆光

逆光就是光源方向与相机镜头方向相反，是从被摄体后面照过来的光线，通常是面对太阳的方向拍摄照片。由于被摄主体恰好处于光源和照相机之间，所以就产生了背景亮度远远高于被摄主体的状况。

当背景在画面中所占的画幅大于被摄主体时，相机的自动曝光检测系统会使相机按着背景的光线状况曝光，使得被摄体曝光不足。逆光条件增加了拍摄的难度，有时会用于艺术创作。专业摄影师往往利用逆光达到某种特别的视觉效果，例如锐利、鲜明地展现物体的轮廓、剪影等效果。

**侧逆光**

侧逆光是指光线从被摄体的左后方或者右后方照射。侧逆光很容易表现物体的轮廓线，而且具有明显的明暗反差，接近光源方向的轮廓线比较强烈，背对着光源方向的轮廓线比较微弱。拍摄风景和花卉、植物时都会用到侧逆光。尤其在表现植物时，侧逆光可以使植物的叶子显得非常通透。另外，侧逆光在拍摄人像时也被广泛运用，在使用侧逆光拍照时要注意补光，不然强烈的明暗对比会使画面很不舒服。

图片4-71　逆光　摄影：吕不

图片4-72　侧逆光　摄影：黎大志

图片4-73　逆光　摄影：黎大志

## 顶光

顶光是指来自被摄体顶部的光线。在自然环境中，出现在正午时分。人物在这种光线下，其额头、鼻头很亮，下眼窝、两腮和鼻子下部都处于阴影中。在通常情况下，摄影师会避免使用这样的光线去拍摄人物。顶光拍摄风光时，容易造成阴影过重，反差过大，同时景物反光严重，容易形成色彩暗淡的现象。使用顶光拍摄人像时，需要利用闪光灯或者反光板进行补光。

图片4-74　高纬度顶光　摄影：黎大志　　图片4-75　中纬度顶光　摄影：黎大志

## 底光

底光是指来自被摄体下方的光线，常为地下反光体反射出来的一种光线，在人工光中使用较多，比如城市亮化景观灯、溶洞照明景观灯等，也有用来拍摄人像的底光，被称为恐怖光或鬼光。早期电影在描述妖怪、大坏蛋和反动派的时候，用的就是底光，用以表现坏人的邪恶。

在摄影棚使用府光时，运用柔和的底光能够消除被摄者面部的皱纹，使得皮肤细腻、光洁、平柔；在拍摄较瘦的被摄者时，应用底光可以提高向下的面的亮度，使被摄者显得胖一些。需要注意的是，不是所有人都喜欢拍出胖的感觉。

图片4-76　舞台底光　摄影：黎大志

质感是人们对物体表面质地的某种感受，如对表面结构光滑、粗糙、坚硬、松软等的感觉。质感的构成受光线和角度的影响，也与物体的表面结构有关。恰当的用光是表现物体质感和立体感的关键，不同结构的物体要用不同的光，如透明物体使用侧逆光或者逆光结合正面光的形式来表现其质感与立体感。除了用光外，精确的聚焦、景深、准确的曝光、感光度等都会对照片的质感和立体感产生影响。

与其他艺术形式相比，摄影可以如实地还原色彩的细微变化，表现丰富的影调层次。摄影师可以通过景深来细致地表现物体的质地，也可以采用不同的摄影技巧来突出形象和质感。

要正确表现物体的质感，离不开三点：一是准确的对焦；二是巧妙的用光；三是正确的曝光，三者缺一不可。

### 4.2.4　光线的颜色

自然光的颜色会随着时间的推移而发生戏剧性的变化：清晨和傍晚的阳光是深沉而温暖的红色调，而正午的阳光则是刺眼的金黄色。没有什么东西能像光线一样持久地改变自然景物的外观，光线会被反射，而每到这个时候，环境也会染上与光线相应的色彩。

不同类型的光线具有不同的颜色，这就是色温。它以开尔文温度计量。光线的颜色变化丰富，数码相机靠白平衡来调节色温。在大多数情况下，数码相机的自动白平衡能有效

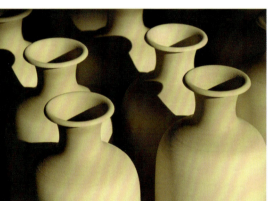

图片4-77　陶瓷胚的质感　摄影：黎大志

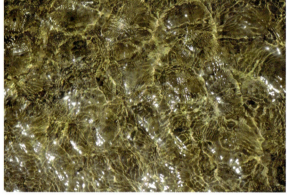

图片4-78　水的质感　摄影：黎大志

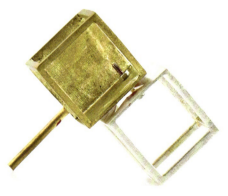

图片4-79　金属的质感　摄影：吕不

图片4-80　树叶的质感　摄影：黎大志

地处理好色温的变化，但对特定光线它只能提供较好而不是最好的结果。

因此，数码相机还提供了多种情况下的白平衡模式，如晴天、阴天、钨丝灯、荧光灯、闪光灯等。将白平衡模式调到这些情景模式时，数码相机会自动把色温调节到这些光线的色温下，相对于自动白平衡来说会更准确些。另外，在一些混合照明的情况下，被摄体可能被两种以上的光源照射，这时，使用数码相机的白平衡或自动白平衡功能拍摄出来的画面也会有所失控。

图片4-81　上午光线　摄影：黎大志　　图片4-82　下午光线　摄影：吕不

图片4-83　中午光线　极目天山　摄影：黎大志

无论是人工光源还是自然光源，它们的色温都不是固定不变的，会受自然规律、人工和技术等因素的影响，光源的色温也会发生变化。

比如地球自转使得自然光在一天中的色温不断地变化，甚至每时每刻都在变化。随着早上太阳的升起，色温也开始升高；到中午时候阳光变得强烈，此时的色温也最高；然后随着太阳慢慢下山，色温又降低，地球的公转也使得不同季节的同一时刻的色温发生变化。

图片4-84　上午光线　摄影：黎大志

### 4.2.5　白平衡

相机的白平衡控制，是为了让实际环境中白色的物体在拍摄的画面中呈现出"真正"的白色。不同性质的光源会在画面中产生不同的色彩倾向，比如，蜡烛的光线会使画面偏橘黄色，而黄昏过后的光线则会为景物披上一层蓝色的冷调。而我们的视觉系统会自动对不同的光线作出补偿，所以无论在暖调还是冷调的光线环境下，我们看一张白纸永远还是白色的。但相机则不然，它只会直接记录呈现在它面前的色彩，这就会导致画面色彩偏暖或偏冷。

每种光源都有它自己的颜色，或者称"色温"，从红色到蓝色，各有不同。蜡烛、落日和白炽灯发出的光线比较接近于红色，它们在画面中呈现的光线色调就是"暖调"的；而相对地，清澈的蓝色天空则会让画面中呈现蓝色的"冷调"。

调整白平衡的目的是为了保证在不同色温环境中的白色物体在画面中呈现出准确的、没有偏色的白，这样画面中其他颜色也就会得到准确还原。通过特定的按钮或者菜单项，调节白平衡设置，以与当前实际的光线条件相匹配。

在数码相机中有一系列白平衡设置可供选择。刚开始可能很难决定该使用哪一种，幸运的是，默认的自动白平衡（AWB）设置能带来不错的效果。不过，就如同其他自动设置一样，自动白平衡也有其局限性。只有在一个相对有限的色温范围之内，才能够正常工作。而对于这一点，相机的生产商们也非常清楚，所以除了自动白平衡外，相机中还提供一系列白平衡预设，来应对更多特定的光线环境。

图片3-85　白平衡的选择

同一场景和光线下,不同设置的白平衡效果。

图片4-86 自动白平衡

图片4-87 日光白平衡

图片4-88 阴天白平衡

图片4-89 阴影白平衡

图片4-90 白炽灯白平衡

图片4-91 钨丝灯白平衡

图片4-92 闪光灯白平衡

图片4-93 自定义5500K白平衡

下图是常见环境的色温图：

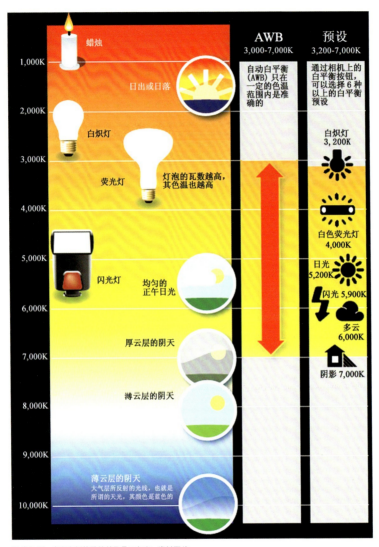

图片4-94 表中左侧的数值单位是开尔文 资料图片

我们可以通过对光线的了解来预设白平衡。不同的相机所提供的预设数量也不一样，但是大部分单反相机都会提供以下预设：白炽灯（灯泡图标）、日光（太阳图标）、阴影（小房子图标）、多云（云朵图标）以及闪光灯（闪电图标）。有时候还会有一个或多个荧光灯白平衡预设（发光灯管图标）。每一种预设，都会对其相应的光线作出白平衡校正。比如说，白炽灯白平衡设置会消除预定数量的暖调光线让画面的色彩平衡趋向于中性；而阴影白平衡设置则会消除晴天阴影中特有的冷调。

"K"代表"开尔文"（Kelvin），即色温的单位。"K"设置可以让你设定具体的色温值，这一数值越低，色彩就越偏暖。蜡烛光线的色温约为1000K，蓝天的色温约为10000K。日光和闪光灯的色温则位于中间段（日光大约5200K，闪光灯5900K）。另外,有一个自定义白平衡设置,也就是手动白平衡选项。这一选项允许基于一张之前拍摄的照片,或者对一张白纸或灰卡拍摄的基准照片,自行创建一个精确的白平衡设置,并将这一白平衡设置应用于接下来拍摄的所有照片中。创建自定义白平衡的方式因相机而异,在相机的说明书中会有针对此的详细解释。

### 4.2.6 不同时间段的光线

**早晚的光线**

如果此时太阳从地平线上冉冉升起,那么我们所处的环境在短短几秒钟内就会发生巨大的变化。当阳光透过云层折射到地面上时,我们周围的景物也会散发出一种独特的韵味。没有了云彩,这场视觉盛宴很快便会结束——夏天这种情况很常见,因为早上6点钟的阳光就已经很耀眼了。相反,这样的场景在冬天能够持续比较长的时间。由于低垂的太阳和清冷空气的影响,日出后和日落前的一两个小时内是拍摄的最佳时机,因为这段时间有理想的拍摄光线。

天空的颜色会随着大气层中尘埃、水滴等物质的数量发生相应的变化。你肯定见到过这样的场景:在清晨或傍晚,有时候太阳和天空看起来红彤彤的,而有时候太阳又会悄无声息地升起或落下。

**正午的光线**

从摄影的角度来说,阳光充足的地方会让人觉得无聊而无望,因为这样的光线反差很大,是很难拍出理想的照片的。当然,也可以利用正午的光线,拍摄对象的细节或人为制造一些阴影,使阳光充足的背景与人造阴影形成充满魅力的对比。

图片4-95 你早,清华园　摄影:黎大志　图片4-96 正午岳阳楼　摄影:黎大志

图片4-97 晨光 摄影：吕不

图片4-98 夕阳金黄 摄影：黎大志

图片4-99 晚归 摄影：黎大志

### 4.2.7 画面的影调

摄影的影调来源于音乐中的术语，这是因为摄影这种利用光影变化而构成的画面亦具有一种音乐般的视觉上的节奏与韵律。

对摄影作品而言，"影调"又称为照片的基调或调子，是指画面的明暗层次、虚实对比和色彩的色相明暗之间的关系。通过这些关系，使欣赏者感到光的流动与变化。摄影画面中的线条、形状、色彩等元素是由影调来体现的，线条是画面上不同影调的分界。在极端情况下，一张照片可能只有两种影调，即黑和白，其间没有任何深浅不同的灰色。然而，更多的情况是影像具有大量介于黑与白之间的中间影调。影调中的黑与白是相辅相成的。

影调虽然是黑白摄影的造型手段和技术概念，但它不仅仅限于黑白摄影，彩色照片也可以用影调来描述。影调的主调可以分为三类：高调、低调、中间调（灰色调）。不同的影调有不同的情感色彩，如高调的明快、淡雅，低调的庄重、深沉，中间调的和谐、平衡。

不同的影调既可利用自然的光线、色彩，也可通过人工加光或改变感光度、色温等方式来实现。

高调：白色与浅灰色占绝对优势的照片，称为高调照片。高调照片有圣洁、明朗、开阔之意，给人视觉感受为轻盈、纯洁、明快、清秀、宁静、淡雅与舒适。

图片4-100　高调　摄影：黎大志　　　　　　　　　　　　　　　　图片4-101　高调　摄影：吕不

中间调：中间调是以中、深灰色阶调为主调构成的影调。由于中间调的主调是灰色，所以中间调也称为灰色调。中间调为照片的基调，可以产生平和与疏淡的感觉。显然，中间调在影调上缺少强烈的冲击力，但对各类题材都有表现力，在表现上比较自由，画面贴近生活，不显张扬，主体比较强，这就是为什么大多数照片都是中间调的原因。

低调：黑或黑灰色占绝对优势的照片，称为低调照片。低调的照片使人联想到黑夜，所以低调照片能给人神秘、含蓄、肃穆、庄重、粗豪、倔强和力量的视觉感受。

图片4-102　中间调　摄影：黎大志　　　　　　　　　　　　　　　图片4-103　中间调　摄影：黎大志

图片4-104 低调 摄影：黎大志

图片4-105 低调 摄影：黎大志

### 4.2.8 人造光源

人造光源，顾名思义，就是人类自己制造的发光体。人造光源可分为持续光源和瞬间光源两大类。持续光源能持续不断发光，如电灯、蜡烛、日光灯等。瞬间性光源只能发出瞬间闪光，电子闪光灯发出的光就是这种瞬间光。

人造光源的使用，给摄影者带来了极大的方便，因为它不受时间条件的限制，而且可以随身携带。既可作主光，也可作为辅助光。在照相馆拍照，主要使用人工光源。现在摄影用的人造光源主要有与相机快门不连动而可任意调配的碘钨灯，或与相机快门连动的同步影室闪光灯。反光伞或反光板反射给被摄物体的光，从摄影光源的角度分析，也应该看作是人造摄影光源。

图片4-106 舞台灯光 摄影：黎大志

图片4-107 工业光源 摄影：黎大志

图片4-108　城市景观灯　摄影：黎大志

图片4-109　人造景观灯　摄影：徐思文　　图片4-110　影棚摄影灯光源　摄影：吕不

## 4.3　色彩

色彩是基本的视觉元素之一。彩色摄影能够还原被摄体本身的色彩，因此具有更强的使用性，在商业、人像和科研等摄影领域都有广泛的应用。拍摄彩色照片必须熟知色彩的搭配，让画面色彩和谐。

### 4.3.1　色彩的定义

色彩是一种视觉现象，是由人眼的物理反应和大脑对光的波长做出反应组成。在光线比较暗的情况下，虽然眼睛能辨别出亮度的不同，但是分辨不出色彩。色彩的衡量标准是白光，因为白光在同样的刺激比例情况下由所有可见波长构成。

图片4-111　粉红樱花　摄影：黎大志

图片说明：春天早晨漫步，路边的樱花逆光拍摄，显得格外透亮和娇嫩。

### 三原色

各种色彩都是由三种色光或三种颜色组成的，但它们自身不能再拆分出其他颜色成分，所以被称为三原色。

光的三原色分别为红、绿、蓝。这三种色光混合可以得出白色光。我们从电视机和电脑显示器上看到的色彩，都是由三原色组成的。

物体的三原色分别为蓝、品红、柠檬黄。三色相混就能得出黑色。物体自己不会发光，需要光线照射，再反射出部分光线来刺激视觉，才会使人产生颜色的感觉。印刷中的色彩CMYK是一种依靠反光的色彩模式，CMY是三种印刷油墨名称的首字母：青色Cyan、品红色Magenta、黄色Yellow。而K取的是Black最后一个字母，之所以不取首字母，是为了避免与蓝色(Blue)混淆。从理论上来说，只需要CMY三种油墨就足够了，它们三个加在一起就应该得到黑色。但是由于目前制造工艺还不能造出高纯度的油墨，CMY相加的结果实际上是一种暗红色。因为在实际引用中，青色、洋红色和黄色很难叠加形成真正的黑色，最多是褐色。因此才引入了K——黑色。黑色的作用是强化暗调，加深暗部色彩。

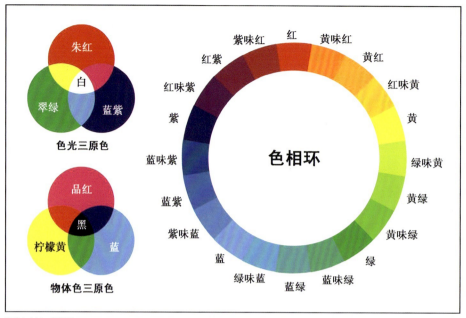

图片4-112 色相环

### 4.3.2 色彩的属性

色相：表示色彩的特质，是区别色彩的重要属性。色相和色彩的强弱、明暗没有关系，只是表示色彩的不同。

明度：表示色彩的强度，色光的明暗度。不同的颜色反射光量的强弱不同，因此会出现不同的明暗程度。

纯度：表示色彩的饱和度或彩度。色彩纯度的强弱，是指色相的鲜艳或混浊的感觉，是深色、浅色等色彩鲜艳度的判断标准。

### 4.3.3 色彩的感觉

色彩关系到美学、光学、心理学等。不同的色彩给人带来不同的感受，也会让人产生不同的情感联想。这是人们主观的生理因素和心理因素作用的结果。在自然界中，人与物反复接触后，在大脑中存留了一定的色彩印象，形成了不同的感受。比如，看到蓝色会想到天空和大海；看到红色会想到喜庆与温暖；看到绿色会想到大自然与健康。摄影中色彩的构成是指拍摄场景中色彩的相互作用。摄影师用色彩来传达画面想要体现的情感世界，拍摄出有情感、有内涵的摄影作品。

图片4-113 色彩斑斓 摄影：黎大志
图片说明：作者采用特殊方式拍摄常见的LED灯，产生出绚丽的色彩效果。

### 红色系

红色给人喜庆、热情、欲望、力量、危险、警示等情感。试验证明，在红色的环境中，人的脉搏会加快，血压有所升高，情绪兴奋冲动。由于人在生理上对红色反应最敏感，因此，红色的视觉冲击力最强，最能吸引人们的注意力。

图片4-114 红色系　摄影：吕不　　　　图片4-115 红色系　摄影：黎大志

### 黄色系

黄色给人以高贵、温暖、幸福、享受、明快、乐观等情感。黄色的纯度也很高，能给人眼前一亮的感觉。中国传统用色中，黄色是帝王的专用色。黄色也是秋季的色彩，象征灿烂、丰收的喜悦。

 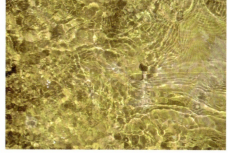

图片4-116 黄色系　摄影：黎大志　　　　图片4-117 黄色系　摄影：黎大志

### 绿色系

绿色代表着自然、健康、生机、希望、安全、和谐等情感。绿色的纯度不是很高，是大自然中数量最多的色彩。绿色的视觉感受比较舒适、温和，令人联想起葱绿的森林、草坪，是大自然的颜色。

图片4-118 绿色系 摄影：黎大志

图片4-119 绿色系 摄影：黎大志

## 蓝色系

蓝色往往给人冷静、稳定、专业、冷漠、理智、平和等情感。看到蓝色，人们会想到海洋和天空，代表宽广和安静的意象，被大多数人所喜爱。蓝色对视觉器官的刺激比较弱，当人们看到蓝色时，情绪比较安宁。

图片4-120 蓝色系 摄影：谈理

图片4-121 蓝色系 摄影：黎大志

## 白色系

白色能表达出圣洁、单纯、素净、稚嫩、天真、明亮等情感，能够代表一个新的开始。在选择白色为画面色彩主题时，可以得到清淡、飘逸、朦胧的视觉效果。在具体运用的时候，要注意光比和曝光，否则白色会使得画面过曝而没有层次。

图片4-122 白色系 摄影：黎大志

**黑色系**

黑色往往给人以神秘、庄严、力量、权利、稳重、死亡、邪恶等情感，还给人一种权威、高尚的印象。在实际运用中要注意黑色的层次，黑色并不是死黑一片，可以用少量的黑灰、深灰和中灰结合搭配，这样画面张弛有度，有透气感。黑色也可以搭配其他颜色，但要注意其情感因素。

图片4-123 黑色系 摄影：黎大志

### 4.3.4 色彩的搭配

**互补色**

当两种色光能以合适的比例混合产生白色的感觉时，就把这两种颜色称为互补色。三原色中任意一种原色对其余两种原色的混合色光都为互补色。互补色排列在一起时，能引起强烈的色彩对比，让人们感觉到红的更红、绿的更绿。

图片4-124 互补色 摄影：黎大志

图片4-125 互补色 摄影：黎大志

### 中间色

中间色是两个非补色的光混合，可产生一个新的混合色，这个颜色是介乎两色之间的中间色。比如黑白之间的中间色是灰色，34%的红与40%的蓝色混合产生紫色，红和绿按不同比例混合可产生橙、黄、黄绿等中间色。

图片4-126 中间色 摄影：黎大志

图片4-127 中间色 摄影：朱彬

### 相邻色

相邻色就是色轮上相互接触的色彩，像红与橙、黄与棕、青与蓝等。相邻色搭配在一起，能够使画面看起来更和谐、稳定。

图片4-128 相邻色 摄影：黎大志

### 暖色系

在色轮上以黄与紫为界,把色轮分成两个半圆,红色所在半边的色相就是暖色系,可以给人热情、温馨、奋进的视觉感受,多用于人文、女性、庆典、装饰等拍摄题材中。

图片4-129 暖色系 摄影:黎大志

### 冷色系

在色轮上,与暖色系相对的色相就是冷色系。冷色系具有自然、清新、舒服、精致等视觉印象,适合于建筑、森林、流水、大海等素材的拍摄。

图片4-130 冷色系 摄影:吕不

美丽新疆 摄影：黎大志

# 伍／有的放矢——应用篇

新闻纪实类摄影
商业广告类摄影
艺术创作类摄影

对摄影分类并不是一件容易的事情。比如在旅行时拍摄的风光或者人文照片，被图片编辑选中，发表于杂志或图片社网站，就成为新闻摄影；被设计师选用就可以放入商业广告中，成为商业摄影；也可以进入画廊参加艺术展览，成为艺术品被收藏家收藏。

为便于初学者掌握不同的类型所使用的拍摄方式，从一般的角度来看，摄影可以分为三类：新闻纪实类摄影、商业广告类摄影和艺术类摄影。

## 5.1　新闻纪实类摄影

摄影术自诞生之日起便具有纪实性的特点，其工作方式就是借助光学特征逼真地再现现实事物的景象。因此，新闻纪实摄影是以记录生活现实为主要诉求的摄影方式，素材来源于生活和真实，如实反映我们所看到的，故新闻纪实摄影有记录和保存历史的价值，具有作为社会见证者独一无二的资格。

新闻纪实类摄影反映的是人与人、人与自然的关系；主要记录人的活动，描绘人类社会生活中的制度、习俗等，揭示和影响人类行为的生活方式。这类摄影不仅仅需要专业工作者参加，还需要广泛的业余摄影爱好者参与。

图片5-1　民俗活动　摄影：黎大志
图片说明：我国是个多民族国家，不同的民族有不同的民俗活动和非物质文化遗产，记录和传承这些非物质文化遗产是作为一个摄影师的职责。

新闻纪实类摄影按摄影主题分类，可分为重大事件摄影、百姓生活摄影和社会风景摄影三大类。

重大事件摄影。这是一类对所发生的重要、有影响力的事件进行的摄影，战争、政治事件、自然灾害等。毫无疑问，重大事件对于人类的生存与发展有着举足轻重的意义，甚至会影响人类历史的进程，因此这些图片无论对当前还是后代的人们，都有着非常珍贵的纪念意义和历史价值。

百姓生活摄影。人类社会不光有领袖伟人，同时还有平凡老百姓。无论是城市还是乡村，不管是主流大众还是边缘个体，都有着他们不同的生活方式，或高尚，或堕落，或快乐，或痛苦，均有着独特的社会体验，呈现出不同的社会状态。

社会风景。人类社会是整个自然环境的一部分，人的生存活动必然有其背景环境，包括自然的环境和人工的建筑等。这一类不同于单纯的自然风光，与人的活动息息相关的风景也是纪实摄影的重要组成部分。

图片5-2 雾霾的日子 摄影：黎大志

按拍摄动机分类，可分为社会纪实类、文献记录类、人文纪实类三大类。

社会纪实类摄影以反应社会问题、关注弱势群体为主，包括饥饿、贫穷、战争等社会题材，以引起社会关注为目的，进而推动社会改革和发展的进程。

文献纪录类是以摄影的方式，关注即将消失的文化遗产和传统民俗，为世人和后人留作历史资料的摄影作品。

人文纪实类摄影是以人与生活为主线，讲述人的故事、表现人的情态、揭示人性本质、体现人文关怀、关注社会变迁的摄影作品。

具体地说，新闻纪实类摄影包括人物摄影、新闻摄影、社会记录摄影、民俗摄影、自然风光摄影等。

## 5.1.1 人物摄影

人物摄影是指通过摄影的形式，在照片上用鲜明突出的形象描绘和表现被摄者相貌、神态和气质的作品。严格来说，人物摄影不同于人像摄影，不管是拍摄人物的局部特写，还是半身或全身，作品必须以表现被摄者的容貌、表情、姿态、气质和性格为主。通过抓取人物外貌的特征，揭示人物的内心世界。

人物摄影的涵盖内容比较广泛，如社会活动的报道、家庭旅游纪念照、舞台剧照、婚礼现场等，同时也包括人像摄影。人像摄影与人物摄影的区别主要在于：它并不要求表现那么复杂而丰富的情节故事，展示多么广阔而具体的历史背景，人像摄影的中心任务就是塑造人物形象。同时它们之间又是相互交叉的，如新闻摄影、旅游纪念摄影和舞台剧照中的某些作品，既可以称为人物摄影，也可以称为人像摄影。

人物摄影的拍摄方式有：摆拍、抓拍和摆抓结合三种。它们有各自的特点和要求，又互相联系、互相配合，分别构成人物摄影所不可缺少的造型方式。人物摄影的被摄对象可以是一个人物，也可以是多个人物；可以是一个人物与其他景物的组合，也可以是多个人物与其他景物的组合。人物摄影必须善于划分主体才能更加突出，从而使作品主题得到确切的表达。

图片5-3 牙好人不老 摄影：黎大志

人物摄影还有不同类型的表现方式，如儿童的天真顽皮、青年的自然健康、少女的清纯美丽、中年人的成熟稳重，老年人的沧桑慈祥。每个人的外貌都有其特征，精神面貌差别很大。即便是同一年龄段、同一性别的人，由于民族、地区和环境的差异，其外部特征和内在性格也有很大差别。这就需要摄影师在拍摄前对对象的外表特征进行认真观察，找出最能代表其性格或者外部特征神态加以表现。儿童摄影的成功之道在于抓住儿童自然生动的神态。儿童摄影要有耐心，随机应变，以抓拍为主。女性摄影应根据女性的心理和形象特点采取相对应的拍摄方法。老年人摄影要根据老年人的特点和习惯抓拍，不要摆布人物，更不能随便指使。早晨的光线和气氛都很好，是拍老人的理想时间。在旅游中拍摄纪念照片时，要注意人景结合，以景衬托人，应以看得清人物的面貌为限度。婚礼摄影应事先了解婚礼仪式的过程和婚礼的特色，把喜庆的气氛表现出来。如使用广角变焦镜头可以拍摄较大场面，避免房间狭小的限制；户外拍摄时尽量

图片5-4 乡村小萝莉 摄影：黎大志

伍／有的放矢——应用篇

采用散射的自然光，这种光线比较均匀，没有强硬的光反差，另外可以适当地使用闪光灯。

人物摄影有多种类型，如性格人像、环境人像、新闻纪实人像、商业人像和艺术人像等。按拍摄地点来分，可以分为影室人像、室内特定环境人像和户外人像。

商业人像摄影也是人物摄影的一种，只是商业人像是用于商业需求拍摄的人像。商业人像也讲究艺术性，但它的出发点和落脚点与艺术人像创作不同，艺术人像更突出摄影师本人的主观性，而商业人像最终是要为客户服务，满足客户的需要。人像摄影在商业摄影中占有很重要的位置。

商业人像摄影除了对摄影师本身素质的要求外，还依赖很多客观因素，如专业的模特、优秀的化妆师、美丽的服装首饰搭配、精致的道具、高档的摄影器材、拥有先进设备的摄影棚、高级的后期摄影技术和精美的装裱等。摄影师同时也是出色的导演，要调配好这些资源。

图片5-5　人像摄影——美女马车夫　摄影：黎大志

图片5-6　婚纱摄影　摄影：吕不

图片5-7　商业人像　摄影：吕不

139

### 5.1.2 新闻摄影

新闻，泛指社会上刚发生的、为老百姓大众所关心或有利害关系的人或事的动态。新闻摄影是对正在发生的新闻事实进行瞬间形象摄取并辅以文字说明予以报道的传播形式。新闻摄影图片的核心要素是通过图片反映新闻事件发生的人物、时间、地点、原因、内容及方式等。

新闻摄影已经成为当代摄影文化中最为活跃的因素，它的呈现形式直观、形象而真实，具有强烈的现场感、思想性和导向性功能。新闻摄影是摄影创作中数量最多、影响面最大的门类，无论在报纸杂志的纸媒，还是在网页电视的流媒上，人们天天都能见到新闻图像。

新闻摄影的真实性、及时性、典型性、现场感和艺术性是新闻摄影应遵从的基本原则。新闻摄影是纪实摄影衍生出的一个重要的摄影表达方式。

新闻摄影从业者普遍使用数码单反相机进行拍照。在新闻摄影实战中，不同焦段的镜头、外置闪光灯、备用存储卡、备用电池是必不可少的。一般配备三支镜头，以佳能为例，它们的焦段分别为：16~35mm，24~70mm，70~200mm。根据不同的拍摄素材选取相应的镜头。

在新闻采访和拍摄过程中，摄影记者要熟悉各种题材的常规表现方法，充分了解各类活动的议程，观察现场的地形，以便选取最佳的拍摄角度。此外，还要考虑室外光对活动现场的影响，室内灯光照度是否合适，如何设置闪光灯等问题。如果条件允许的话，可以分别在不同设置模式下进行拍摄，以确保万无一失。在室外拍摄中，要考虑到阳光对拍摄的影响，必要时用闪光灯进行补光。

新闻照片的发稿形式主要包括单幅照片、组照和专题摄影。

单幅照片是摄影记者平时工作中最常用的发稿形式。单幅图片拍摄的基本要求是：表现有形象价值的、有代表性的典型瞬间，注意细节、人物情感及体态语言。

组照可以是对同一新闻现场不同侧面的描述与表现，也可以是同一主题下的不同场景的组合。组照多用于多侧面、多角度地表现新闻事件，深化主题。

专题摄影是指通过多张照片，多个角度反映一个新闻主题。每张照片讲述一个故事或一个情节，要有开头照片、高潮照片及结尾照片，串联起一个完整的故事。专题摄影要注意大场景、中景、特写等不同景别的采用，以及横竖版照片的

图片5-8　世界青少年奥林匹克运动会在新加坡开幕　摄影：吕不

图片5-9　第一个冲过终点的选手　摄影：吕不

配搭。时间跨度较大,应淡化时效性。

最终选择发布的照片要具备以下要素:(1)被摄人物的动作、表情自然;(2)最能代表新闻事件本质的瞬间;(3)兼具特写与大场面;(4)图片构图合理且具观赏性;(5)图片动感较强;(6)抓拍得到的图片。

### 5.1.3 社会记录摄影

社会记录摄影是一个笼统的概念,是忠实记录人们社会生活的摄影活动,如旅行摄影、婚礼摄影、会议记录和家庭聚会等,它是通过相机和镜头捕捉身边美好时光的片段,留给自己、家人和朋友共同分享的时间片段。随着数字技术的广泛应用,网络技术的发展,手机、ipad已经成为这个时代变革最主要的载体之一,手机和ipad的照相功能也为摄影的传播创造了条件,而通过网络技术,使得图片通过微博、微信等软件能够迅速地和朋友分享。

图片5-10 凤凰古城 摄影:黎大志

图片5-11 旅游景点人物抓拍 蛙跳 摄影:黎大志

图片5-12 行车途中风光抓拍 又见油菜黄 摄影:黎大志

旅行摄影是我们生活中经常遇到的拍摄形式。我们去的每一个地方都有其独特的景色、个性。旅游的朋友都希望把旅游途中精彩的瞬间或优美的景色留住、以便与人分享并供日后慢慢回味。

旅行摄影是一种人景结合的摄影过程，在实际拍摄过程中要以抓拍为主，尽量少刻意性的摆拍，努力将大量摆拍的结果性摄影变为抓拍的、自然的过程性摄影。旅行摄影应注重人景结合、过程和结果拍摄结合，以及和抓拍、摆拍的结合。

旅行摄影需要带什么样的器材，在很大程度上取决于拍摄要求与目的。在能够满足拍摄需要的前提下，尽可能使轻一点的器材，应该说是旅行摄影选择器材的原则。

动身前的准备工作：（1）收集沿途与目的地的有关资料，这样能使你知道去那里要拍什么，能拍什么。（2）当知道要拍什么的时候就可以准备所需要的摄影器材和存储卡，如果只是记录一下到此一游，器材要选择轻便的，普通数码相机或者高画质的手机就能达到要求；如果是想要以创作为主的话，就应当准备既够用，又轻便的装备，镜头尽量选用变焦比较长的，这样一个镜头就够用了，因为每增加一个镜头，在沿途都要消耗不少体力；三脚架尽量选用独脚架或者碳纤维的，比较轻便，易携带。

婚礼摄影指在婚礼现场拍摄，以全程拍摄的方式，记录婚礼过程的摄影形式。拍摄方式以抓拍为主。大致分为前期准备，接亲（去新娘家接新娘）、娶亲（把新娘接回新郎家）、仪式（在家或在饭店）、婚宴、合影等几个阶段。

前期准备，主要拍新郎方的准备花车或者新娘的梳妆等。接亲，主要拍摄车队的出

图片5-13 婚礼祝福 摄影：黎大志

图片5-14 婚礼仪式 摄影：吕不

发和到达，在新娘家的风俗仪式、梳头开眉等，上车方位，娘家人合影等。娶亲，主要拍摄新娘的闺房，出门过程和接到家的过程。仪式要记录全过程，注意随时抓拍主要人物的特写。

在摄影设备上，需要单反相机（如尼康、佳能等），外加闪光灯、50mm大光圈镜头，这样就具备了高像素、高曝光补偿的保证，从而才能保证在室内光线暗的情况下仍然能够拍摄出曝光充分、色彩良好、图像清晰的照片。当然，请一位经验丰富的摄影师更重要。

会议记录摄影是专业摄影师的一项日常业务，除了要使用专业的器材外，还需要摄影师具有扎实的技术和丰富的经验。

拍摄会议前，摄影师必须要了解会议的全部内容。这并不是一件复杂的事情，关键是摄影师要有这样的意识。现在，大多数专业会议的公关公司都有活动执行手册，上面详细安排了摄影师所要拍摄的内容，并且有关于场地光线的详细介绍。

图片5-15　战略合作备忘录签字仪式　摄影：吕不

图片5-16　中国国际扶贫中心成立五周年纪念会议　摄影：吕不

图片5-17　联合国亚太地区亚健康联盟成立会议　摄影：吕不

图片5-18　演讲嘉宾　摄影：吕不

保留会议议程资料还有一个好处，就是上面有嘉宾职务介绍，和照片对应起来可以很快熟悉人物，不仅对拍摄有意义，还积累了采访素材，为发稿作了铺垫。针对某些项目有特殊的要求，如果参与会议的领导和嘉宾比较重要的话，就会有事先的彩排活动，摄影师可以踩点和熟悉环境。

对器材的要求要视情况而定，在数码时代，单反相机加外置机顶闪光灯基本就可以完成任务。在拍摄过程中，要注意镜头的选取，比如拍摄全场会议代表的广角镜头，领导发言时候的长镜头，还有拍摄部分代表的特写镜头，会议茶歇与散场后代表们交流场景的镜头等。另外，对重要人物和场景应采取连拍的方式，防止眨眼和表情不自然等。

### 5.1.4 民俗摄影

民俗摄影，就是以民俗事项为题材的摄影门类，以摄影的角度去记录不同民族、不同背景人群的生存状态、生活方式和审美趣味等，从而构成丰富多彩、千姿百态的民俗现象。民俗摄影源于中华民族几千年的灿烂文化，题材广泛，内容丰富。民俗摄影是摄影艺术与民俗学相结合而产生的一个新型摄影门类，它以拍摄纪录、搜集整理和抢救中华民族的民俗文化遗产为自己的历史使命。

民俗摄影具有极强的学科边缘性，它与许多学科如民俗学、民族学、人类学、考古学、历史学等，都有直接或间接的联系。创作时首先应该表现出民俗的特点，从多方位、多角度来塑造出富有民俗特点的专题。民俗摄影又分为人物服饰、居民建筑、生活方式、节日文化、宗教文化等。

图片5-19 整装待发 摄影：黎大志

图片5-20 拦门酒 摄影：黎大志

### 5.1.5 风光摄影

风光摄影是以表现大自然风景为主的摄影。通过记录大自然壮美的风光，利用大自然的景色来表达摄影者对大自然的感受和认识，激发人们对大自然的热爱和美好生活的向往。风光摄影包括自然风光和城市风光摄影等。

风光摄影受摄影技术、艺术流派、社会价值取向和审美情趣等因素的影响而形成多个种类，如自然风光摄影、人文风光摄影、抽象风光摄影、画意风光摄影、唯美风光摄影等，但究其本质，风光摄影可以分为写实风格摄影和表意风光摄影。

写实风光摄影的特点是用照相机忠实还原，再现自然景象，拍摄手法直接明了。在拍摄过程中利用线条、影调、透视和色彩等造型要素进行创作，从而达到最佳的视觉效果。

表意风光摄影侧重的不是表现风光本身，而是通过一定的元素，表现拍摄者的观念和

图片5-21 孤寂山林 摄影：黎大志

图片5-22 浦东夜色 摄影：黎大志

感悟。风景仅仅是一个载体而不是全部,摄影者所关注的是他与风景的关系或者对于风景的内心感触。

风光摄影的难度在于如何表现变化无穷的大自然。大自然既丰富多彩,又纷繁复杂,如果拍摄不加选择,画面就会无主题可言。风光摄影的基础并不在于地形地貌,而是在于光线的应用和它为画面带来的动感,真正要拍出独特风格的照片,还得依靠对不同光线条件下的景物面貌变化作出有效的处理。这就需要摄影师有独特的视角去拍摄和表现大自然的魅力。实践证明,风光摄影是一个难度较大的实践,一方面要注意天时、地利、人和等因素,另一方面还要处理好构图、空间、虚实、透视、色调等。

城市风光是以街道和建筑为主的风景,每个城市都有它不同的地理特点和社会风貌。拍摄城市风光,应该表现出这座城市的特色之处和繁华景色。

农村风光可利用一年四季中农村不同的景色、农作物、色块等选择性拍摄。面对险峻的山峰和山谷,可以采取从下往上仰拍的角度,表现出山崖的陡峭险峻;拍摄连绵起伏的开阔山脉时,可在较高的山峰以俯视的角度表现层峦叠嶂的宏大气势。江河湖海等水景可依据其特色拍摄,江河的魅力在于有趣的倒影,水上的实景与水中的虚影相依相随,产生画意般的效果。海景的拍摄又不太一样,黎明和黄昏的海景神奇多变,特别在逆光下,多云转晴的水面上,波光粼粼,变化起起伏伏。

另外,风光摄影不一定要拍名山大川,每个地方都有自己的特色,要善于发现、鉴赏、捕捉和再现自然美,通过提高摄影师自身对大自然的审美意识和对摄影的表现技能,捕捉不同光线和气候下的精彩瞬间。

图片5-23 顿失滔滔 摄影:黎大志

图片5-24 牧羊曲 摄影:黎大志　图片5-25 欧洲风光 摄影:黎大志　　　　　图片5-26 雾锁群峰 摄影:黎大志

## 5.2 商业广告类摄影

商业广告类摄影也叫商业摄影，是以商业用途而开展的摄影活动。一般包括产品广告、企业形象推介和特定商业活动宣传。

商业摄影的功能十分明确，就是为了宣传商品的形象，介绍商品的特点，引发消费者购买欲等。商业摄影所包含的范围非常广泛，有产品摄影、建筑摄影、广告摄影、商业人像摄影、婚纱摄影等。

商业广告类摄影与其他摄影最大的区别是，在商业摄影的运作中，摄影不再属于个人行为，而是摄影师根据客户要求与一群人合作共同做出的商品。在摄影过程中，占主导地位的不是摄影师本身，而是所服务的客户。在摄影过程中往往摄影师要先配合客户的要求，再提出自己的意见，再好的作品也要得到客户的认可才能产生商业价值。商业摄影的基本流程是：考察、沟通、制订拍摄方案、签订工作合同、拍摄、图片后期处理、图片交付。其中沟通是最重要的，一切都要为客户着想，尽量满足客户的需求。

### 5.2.1 产品摄影

产品摄影是针对商业产品为主要拍摄对象的一种摄影，通过反映商品的形状、结构、性能、色彩和用途等特点，从而引起顾客的购买欲望。产品摄影常用于广告宣传、商品包装、产品说明等。

图片5-27 漆器 摄影：吕不

产品摄影一直在激烈的市场竞争中起着至关重要的作用，特别是现在网购成为广大网友重要的购物方式，网购时需要通过对图片的判断和文字的描述来做出购买决定。如果图片拍摄效果不好，没有表达出产品所承载的要求，那么毫无疑问会直接影响到产品的市场销量。

产品摄影大多是在摄影棚内进行拍摄的，因为摄影棚的灯光条件是完全可以控制的，产品摄影在拍摄前都是经过前期策划和准备的，在艺术总监或者设计者本人的指导下完成。也有些产品不适合移动，或是体积太大无法在室内拍摄，就要去现场拍摄，但拍摄难度会受到环境影响。

常见的产品摄影分类比较细，如首饰摄影、美食摄影、淘宝摄影、工业产品摄影、家具摄影等。

图片5-28 生物科技产品 摄影：吕不

首饰摄影是以珠宝首饰等小物件为主的摄影。分静态拍摄和佩戴拍摄两种。静态拍摄一般是在摄影棚中完成的，有特别含义和需求的可以在室外拍摄。在摄影棚中以拍摄素材为主，拍摄后经过后期制作与合成，增加新的元素进去以达到设计师所需要的效果。佩戴拍摄需要模特、服装、道具配合拍摄，以佩戴者的气质和拍摄的画面感来诠释首饰的内涵和美感。

图片5-29　首饰　摄影：吕不　　　　　　　　　图片5-30　首饰组合　摄影：吕不

在影片静态拍摄时，前期工作很重要，布光是最重要的一个环节。首饰的特点在于它的高度反光，特别是纯金属物体，它们能够将绝大部分甚至全部的照射光反射回去。布光不当会出现光线不均匀或是极大的明暗反差。由于每种首饰的质地和反光特点不同，因此在布光上也要区别对待。

美食摄影是我们生活当中最常见的一种摄影形式，每次去饭店或餐厅吃饭，都会面对菜谱，而菜谱中的图片则是通过摄影师的角度来诠释这些菜系的美味。怎样能引起顾客的点菜欲望，就要看图片拍摄的质量和对美味菜肴的表现方式。在拍摄之前先要跟客户进行详细沟通交流，了解客户需要什么样的图片、用途。有的客户需要普通的菜谱图片，那么用经验和技巧便可以解决。还有的客户希望拍摄的图片能够和他们的企业文化相符合，或者说符合他们的经营理念，那我们就需要进一步的交流，在客户要求的基础上，以我们对摄影专业的视角，提出合理建议。接下来就是和厨师沟通交流，了解本次拍摄的主要菜品，有关菜肴的材料、特点和该菜肴特别想展示的部分等，菜肴放入餐具的摆设和餐具的选择也是需要交流的部分，然后提出我们的要求和建议，完善针对此次拍摄准备的相关辅助素材。某些菜需要提前和厨师沟通，因为在拍摄中餐时，拍摄的菜和实际吃到的菜还是有区别的，比如肉的成熟度、汤的温度等，都要以画面要求为主，让厨师配合。

在拍摄过程中，可以选择自然光拍摄和专业影棚灯光拍摄。自然光拍摄时，要尽量避免阳光直射，因为那样会在食物上投射出很刺眼的影子。不要使用机顶闪光灯，除非你想让食物看起来油乎乎的样子，比如拍烤肉等肉类食物。一般利用窗户外面散射进来的柔光，加反光板拍摄，这样能使食物看起来很鲜美。专业影棚闪光灯拍摄是很常用的一种拍摄方式，因为一般拍摄时间很长，在太阳光下，是需要看季节、天气和时间的，只有闪光灯是全天候的。通过灯光布置，表现出菜肴的立体感，基本用光是采用略有逆光感的顶光，结合偏侧的主光和副光，柔光罩和蜂窝罩比较常用。拍摄面包、蛋糕等小吃类的食物以柔光为主，表现小清新；而拍摄红烧、油炸等大油肥腻的食物，则需要通过比较硬质的光源来避免食物过于平实。拍摄熟菜和饮料等透光性比较好的食物就应该把它的通透感表现出来，这时需要逆光和轮廓光来加以表现。

构图一般选择食物中最关键的局部拍摄，如果拍摄一整盘食物，而没有重点和细节便不能体现特色和诱人的感觉。拍摄角度要根据菜品来把握，西餐、小吃、点心饮品等立体感比较好的食物，比较适合用0角度等相对较平的角度拍摄，以突出美食的立体感。中餐中大量运用到大型餐盘类餐具，或者煲汤用的瓦罐等餐具，为了能够很好地表现这些餐具内的食物，我们可以采用90度左右相对垂直的角度拍摄。而45度视觉比较普通和常用，因为比较符合我们吃饭时所看到饭桌上实物的角度，照片效果与实物的差别会比较小。同时我们也要根据餐厅主题合理搭配食物的环境，不同食材的食物要搭配合理的环境，这样能更加凸显美食的魅力。

淘宝摄影是随着近年电子商务的兴起而发展起来的一种摄影形式，是以网店所售商品为主要对象的一种拍摄。网店打破了传统店铺购物的地域性和时间限制，迎来了无限制购物的时代。在以淘宝网为平台的电子商务中，给越来越多的个体经营者提供了便利的平台。这个推广平台的基础就是以图片和文字描述的画面，对销量影响最大的就应该是服饰类的拍摄了。雷同照片提高不了消费者的购物积极性，只

图片5-31　美食餐桌　摄影：孔详哲

图片5-32　美食　摄影：孔详哲

图片5-33　美食组合　摄影：孔详哲

有拍出品质高、真实性高的照片，才能得到消费者的认同。

服饰类照片，主要作用就是表现出一件衣服的款式、结构，尽可能准确地体现颜色。目前用得比较多的展示方法是摆拍、挂拍、穿拍。要真实地展示所拍的服装，一张主图是不够的，还要拍摄服装的细节照片，这些细节是对服装质地、做工等的展示，让买家看得更全面，买得更放心。

拍摄环境可以是自然光拍摄和摄影棚拍摄。选用自然光拍摄时，一般选择光线充足的天气，光线要足够的明亮、柔和，但太阳不能直射在被摄体上，对被拍对象的背光部分可以用反光板或白卡纸补光。影棚拍摄一般是摆拍和挂拍，现在越来越多的店主也开始选择模特棚拍。

对一些基本款服装的拍摄，摆拍能全面直观地展示服装。这种方法是最简单也是最有效的，而且成本低。但摆拍的缺点也显而易见，就是缺乏立体感，层次也不够分明。一般我们在摆拍的时候，会将衣服的袖子和腰部进行挂拍，通常都会用到衣架或者背景板，我们要选用风格一致的衣架，或者使用不太显眼的衣架。拍摄一般在室内进行，使用闪光灯拍摄会使拍摄工作不随光线的变化而受到影响，一般是双灯交叉光拍摄或者单灯前上方拍摄。拍摄者站在被摄体的前方拍摄，拍摄前尽量烫平衣服的褶子，这样能为后期工作带来很多便利。

穿拍是现在较理想、较常用的一种方式。它可以通过模特的穿着效果来展示服装的整体感觉，服装的特点和搭配的样式都能体现。内景摄影棚可以是布好景的房间或者白色背景墙的摄影棚，室外外景要根据衣服的风格，寻找到合适主题背景的场景，比如时尚点的

图片5-34　淘宝女装外拍　摄影：吕不

图片5-35　淘宝女装摆拍　摄影：吕不

图片5-36　挂拍　摄影：吕不

图片5-37 淘宝女装外拍　摄影：吕不　　图片5-38 淘宝女装外拍　摄影：吕不　　图片5-39 淘宝棚拍　摄影：吕不

图片5-40 工业仪器　摄影：吕不

图片5-41 家具摄影　摄影：吕不

服装都会找高档、现代建筑区来进行取景，这样更能凸显出衣服的气质。内景与外景拍摄都需一个团队来配合，如模特、化妆、搭配、摄影助理等，搭配师根据模特的气质搭配衣服，化妆师根据搭配的感觉进行化妆，然后进行拍摄。内景以模特摆拍为主，外景则摆拍或者抓拍，根据服装的特色进行调整。

工业产品摄影一般是选择白色或者纯色做背景，这样更能营造出被摄体的整体感，而且拍摄区域要整洁、简单。拍摄角度要以整体感最美的角度为准。一般常用侧光或逆光，以便勾画出产品的轮廓，刻画出产品的细节，表现产品的质感。

家具摄影是以家具产品为主要拍摄对象的一种摄影形式，要拍摄好家具就必须对家具产品有一定的认识和了解，知道产品的风格和类型，风格如古典、现代、中式和欧式等。类型有板式、软体、金属、玻璃和实木家具等。按功能分有客厅系列、卧室系列、书房系列和儿童系列等。拍

图片5-42 家具摄影　摄影：吕不　　图片5-43 传统创新家具　摄影：吕不

摄家具首先要表现家具的特质、结构、功能，其次要表现各类家具的陈设氛围。家具本身就是艺术品，代表着一种文化、一种生活方式。

家具摄影最大的挑战就是如何搭配和布置整个拍摄环境。如欧式家具和中式家具就不能用一样的拍摄环境。拍摄过程中，可以使用室内光源或闪光灯，也可以以自然光和室内光源为主，闪光灯辅助补光。拍摄不同区域的家具时，也要选择不同感觉的光线来拍摄。比如拍摄卧室家具时，尽量让光的气氛显得柔和，用柔和的灯光来表达这种效果，而拍摄办公室家具时，要有较硬的光线，使得反差鲜明，充满生机。

### 5.2.2 建筑摄影

建筑是文化的体现、城市的灵魂。建筑摄影是以建筑为拍摄对象，用摄影语言来表现建筑的专题摄影。建筑摄影的拍摄范围很广，可以拍摄一栋建筑，也可以是建筑群或者一个地区、一座城市；可以是建筑的整体，也可以是建筑的局部；可以是室外，也可以是室内。一般常见的有：反映大场景的鸟瞰全景图、建筑群体、标志性建筑、特色建筑、历史保护文物建筑、室内场景等。

在商业摄影中，根据商业目的可以划分为：室外建筑摄影和室内场景摄影。

室外建筑摄影是指单体或群体建筑，在商业摄影中一般是开发商为了宣传其公司项目，邀请广告公司做出文案，广告公司再邀请摄影师为其完成拍摄任务，也可以单独约摄影师进行拍摄。

建筑摄影中的构图，要选择合适的拍摄地点，拍摄地点要确定好拍摄方向、拍摄距离和拍摄点的高度。拍摄方向是指拍摄点相对被摄建筑的方位，对表现画面中建筑的空间感十分重要。拍摄距离是指拍摄点相对被摄建筑的距离。远距离拍摄能表现景物的全貌，强调整体气势；中距离拍摄的景物范围小于远距离拍摄，不一定能拍全被摄建筑；而近距离拍摄的景物常常是建筑的一个局部。拍摄高度有低视点拍摄、半高视点拍摄和高视点拍摄。低视点拍摄一般是在地面拍摄，是常见的拍摄高度，适合拍摄30米以下的建筑；半高视点拍摄是在被摄建筑中心高度的地点拍摄，一般是附件的楼房或者高地，能减小透视关系；高视点拍摄是在高于被摄建筑的一个地点拍摄，可以表现大场景的纵

图片5-44　天津滨海新区于家堡金融区　摄影：吕不

深感。

　　建筑摄影中的用光是受客观条件限制的，建筑物的体型一般都比较庞大，这样就使得闪光灯很难派上用场，所以一般都是用自然光日光拍摄。拍摄建筑物一般情况下有两个时刻是最合适的：日出时分和日落时分，有时候需要拍摄灯光效果，也可以在天没有完全黑的夜晚进行拍摄。

　　在建筑摄影中，楼层越高的建筑，近大远小的透视关系越明显，一般使用大画幅座机进行拍摄，大画幅座机可以调整上下板的高度来调整透视。现在数码单反镜头中，也有专门拍摄建筑的镜头——移轴镜头，它是移动光轴调整透视关系的镜头。移轴镜头的作用除了纠正透视变形外，还能调整焦平面位置。正常情况下，相机焦平面与成像元件平行，用大光圈拍摄，焦平面的景物清晰，焦外模糊；而用移轴镜头调整焦平面，能改变清晰点。所以，移轴镜头最适合建筑、风景和广告摄影。

室内建筑摄影面临的最大问题就是光线问题，因为室内比较暗，自身装有大量的持续光源，还有窗户或者门外透进来的自然光源就会导致光线比较复杂，不同光量、不同光质和不同色温的光线会交织在一起，对室内环境产生影响。这就需要摄影师自己去取舍，如果光源太复杂或者颜色太花，可以适当关掉一些灯，或者要求换上统一色温的灯泡；如果光线偏暗的话，可以自带光源进行补光处理，最后效果可以自己掌控。在构图方面，尽量通过镜头的特性来选取角度，一般镜头以广角为主，以最大广度的画幅来表现室内空间的纵深感和层次感，也可以选取室内有特色的局部进行拍摄。

图片5-45  全景室内摄影  摄影：吕不

图片5-46  征战  摄影：吕不

图片5-47  上海世博园  摄影：吕不

153

## 5.3 艺术创作类摄影

艺术创作类摄影是以摄影为媒介,摄影师进行艺术创作的一种手段,是以社会生活和自然景象为表现素材,通过摄影者的艺术创造,展现现实、表现情感和观念、创造新的艺术形式的实践活动。艺术创作类摄影在追求艺术的实践中,不断与绘画亲缘的交融和繁衍中,逐渐发展和演绎成不同的风格和流派。

艺术创作类摄影的创作过程,贯穿于从构思到完成作品后命名的全过程,包括对生活的观察和题材的选择、画面的提取和细节的刻画、主题的确立和意境的深化,以及表现方式的创新等方面。

艺术创作类摄影在创作中根据主题的需要而运用各种不同的表现手法,如夸张与对比、简洁与含蓄、寓意与象征等。摄影作品在欣赏中也具有间接性的特点,它往往借助于欣赏者的想象和联想等心理活动来达到艺术感染的目的。

艺术创作类摄影是在近代摄影技术基础上形成的一门艺术形式。它在作品的存在方式、展示方式和审美感知方式上与绘画比较相似,都是在二维的平面上构成形象,因而都属于空间艺术或视觉艺术,但在创作方式和表现形式上有很大的不同。

艺术创作类摄影一般分为画意摄影、观念摄影和抽象摄影。

图片5-48 祥云
摄影:黎大志
图片说明:一场焰火晚会后,留下的火花在夜色中形成五彩缤纷的祥云,作者用特殊的拍摄方式,把喧闹的焰火表现得如画般宁静。

图片5-49 波涌
摄影:黎大志
图片说明:停泊在黄浦江船上的霓虹灯在水面的倒影,在岸边路灯的照射下随着江水起伏荡漾,奔流不息,目眩神怡。

### 5.3.1 画意摄影

画意摄影通过摄影的特殊效果和绘画的艺术语言来表达现实生活中的画面和意境。

绘画艺术有中国画、水彩画、油画、版画等多种形式。不同的画种，有着不同的艺术效果。摄影作品可以通过不同的摄影技法或者后期处理达到绘画般的艺术效果。

图片5-50 雨中即景 摄影：黎大志

图片5-51 云水之间 摄影：黎大志

画意摄影在拍摄和制作过程中，要注重以下两点：

一是风格。作为摄影师，首先要知道表现什么样的美，前卫的美和古典的美都是美，但其表现手法上有本质的不同。

二是构图。构图应尽量完美和独特，并利用平面构成丰富作品的内涵。

中国画构图追求意境美，讲究在客观的景物之上加入画家的主观意念，用墨的浓、淡、干、湿，描绘明暗、远近、疏密、凹凸等关系，从而反映出主观与客观的结合、虚与实的结合。

通过选取画面、光线运用、特殊镜头的运用和后期制作等手段可以达到中国画效果。如作品《工笔山水》，作者在乘车行进中敏锐地捕捉了具有中国画意境美的画面，协调的

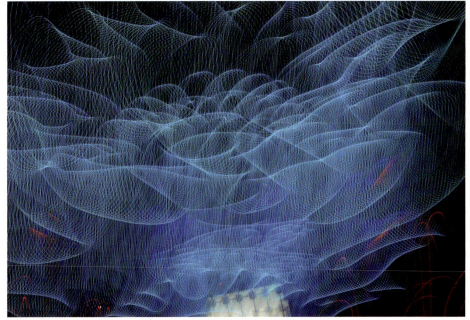

图片5-52 青莲 摄影：黎大志

图片5-53 工笔山水 摄影：黎大志

图片5-54 水墨鱼游 摄影：黎大志

色调，树木的细腻，恰似一幅工笔画。作品《水墨鱼游》是通过对拍摄素材后期处理成水墨画的效果，来表达水墨画的意境。

版画中"留黑"的手法，对刻画的形体做特殊的处理，是版画特有的艺术效果。

在摄影中可以通过逆光的手法和选择低感光度产生版画艺术的效果。如作品《苍劲》运用逆光的拍摄手法，如同版画中大块阳刻产生的对比效果，又通过巧妙的构图，以密集的小细节刻画，与之产生强烈的对比，衬托出所要表达的主题，使作品看起来有版画一样的艺术效果。

油画、水彩画分别是以油和水为媒介调和颜料作画的形式。通过油和水与色彩轻重的叠加，渗透在布、木板和纸上，使之具有很强的表现力和特殊的肌理视觉效果。

图片5-55 苍劲 摄影：黎大志

图片5-56 凤凰楼阁 摄影：黎大志

图片5-57　湘西印象　摄影：黎大志

图片5-58　校园写生　摄影：黎大志

摄影中可以通过选择光影效果、前景、后期制作等多种方式达到油画、水彩画的效果。作品《湘西印象》是真实雨景的拍摄效果，没有后期的电脑处理，以车窗玻璃为前景，通过雨水滑落产生了特殊的光影效果，笔触俨然是一幅写生油画作品。《凤凰楼阁》中楼阁及灯光在水中的效果，被作者拍摄成一幅油画作品。

作品《校园写生》也是真实的拍摄效果，无后期电脑处理。透过玻璃的雨水大小、形状的不同，与《湘西印象》的拍摄效果也就不同，而产生的绘画效果就如同一幅完美的水彩画。

### 5.3.2　观念摄影

观念摄影，是把摄影师对当代社会、对人生、对自然的认识，借用摄影手法进行视觉表达，试图通过摄影媒介，展现对人类生存状态的剖析，并且提出有意义的话题，引发更多的、深层次的思考。

观念摄影的关键是在于其观念是否比前人更新。它所表达的内容比其他摄影更为广泛，技巧的应用更为自由。只要能达到预期的目的，可选择社会层面不同的问题，采用不同的表现方式。观念摄影对观念的表达是建立在强烈的视觉语言上的。

观念摄影的出现颠覆了传统艺术摄影标准不可动摇的地位，从某种意义上已经确立了摄影成为一门独立的艺术种类。

图片5-59　梦游——故宫　摄影：刘韧

图片5-60　梦游——人民大会堂　摄影：刘韧

图片说明：刘韧用生活中出现的各种事物与片段营造了虚幻的空间，而这些带有魔幻力量的幻想世界又是她内心最真实的表达。虚幻的真实是刘韧作品的核心，一张张摄影与数码技术相结合的图片作品构成了她私密的内心世界。传统与当下、历史与现实的不同影像重叠错乱地把观者带入了不分梦境与真实的时空，在此，我们窥视了艺术家对童年的留恋、对青春的惆怅、对爱情的患得患失、对梦的追求的自我闺房呓语。

图片5-61 梦游——舞台剧 摄影：刘韧

图片5-62 没·故里2 摄影：杨贻

图片5-63 没·故里10 摄影：杨贻

图片5-64 没·故里11 摄影：杨贻

图片5-65 没·故里12 摄影：杨贻

图片说明：2009年，作为三峡工程最后一个被淹没、移民的县城。我的故乡重庆开县，这座有着1800年历史的老城，将永久沉入江水之下！这里曾经是我居住生活过的地方；我们说着同样的乡音，喜食同样的麻辣乡菜；我们路过遇见，点头或热情招呼；我们一起走过先人们也曾走过的街衢……留下这些影像，算是作为自我的纪念！

图片说明：镜头下的物品来自世界各地，由不同厂家、不同人群制作，并在不同的地方销售、使用，最后却集中到了一起。它们是我们生活的必需品，也是这个时代所特有的，而对它们的认知和感受也是对文化认同的标志之一。城市化、工业化的发展，城市人口的激增，消费文化的盛行，促使工厂生产出越来越多的生活必需品，而被消费后的它们最终成为被抛弃的对象。

这些作品，意在传达在经济危机的背景下，对这些"商品"的关注，以及对这些被抛弃堆积的"商品"的思考，表达出作者对消费社会的担忧，留下这个消费时代真实的图像记录。

图片5-66　失控系列三　摄影：吕不

图片5-67　失控系列五　摄影：吕不

### 5.3.3 抽象摄影

抽象摄影是非具象、非理性视觉形式的摄影表达，它往往以具象的局部提取及变形或夸张后形成的几何形式出现。抽象摄影作品往往不是给出一个确定答案，而是有多种可能性的指向，让观众自己去领悟和想象。抽象因素无所不在，水纹、晃动的倒影、灯光的明暗、物体的线条与结构等，所有能够隐去原来物象面貌的局部和细节，都可以构成抽象元素，当摄影者把这些元素通过摄影技巧构成由光与影、明与暗、点和线、块面和构成、色彩和肌理所组成的画面，就是抽象摄影作品。

图片5-68 思绪 摄影：黎大志

伍／有的放矢——应用篇

图片5-69　白莲　摄影：黎大志

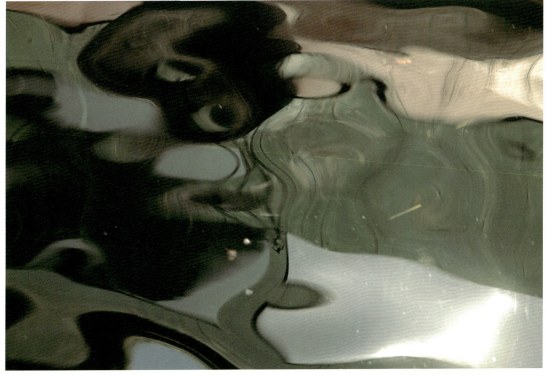

图片5-70　黑猫　摄影：黎大志

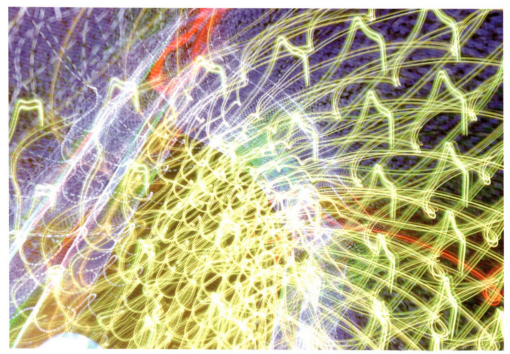

图片5-71 向日葵 摄影：黎大志

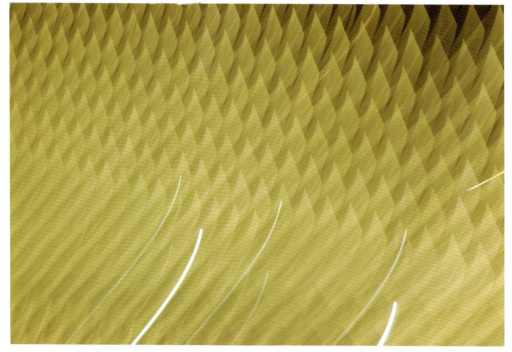

图片5-72 构成 摄影：黎大志

图片5-73 繁衍 摄影:黎大志

牧马往事　摄影：黎大志

# 陆／锦上添花——后期处理篇

图像处理软件介绍
照片尺寸大小调整
照片颜色调整与黑白照片制作
移除杂物与污点修复
透视调整与自动接片

在拍摄活动中，由于种种原因，大多数的拍摄现场环境和光线条件不可能像我们想象中的那么完美，拍摄之后的照片上总存在着这样或那样的不理想，这时我们可以借助图像的后期处理软件来弥补这些不足，还可以利用后期制作来产生特殊效果。在摄影比赛中，往往对后期处理有所限制。

图像的后期处理，其实在胶片时代就有，叫作暗房技术。暗房技术包括两部分，一是冲洗胶片、配药水、显影、停显、定影、水洗、干燥等；二是选配放印药水、相纸裁切、放大时裁剪、遮挡、局部加深、局部减淡等。到了数码时代，暗房操作变成了明室，在数码相机设置上或计算机上进行，操作流程变为图片生成、图片加工处理、图片输出和色彩管理等。

## 6.1　图像处理软件介绍

图形处理软件是用于处理图像信息的应用软件的总称，专业的图像处理软件有Adobe公司的photoshop、Lightroom，丹麦飞思数码后背公司开发的Capture One等，基于应用的处理管理、处理软件picasa；各相机生产厂家自带软件如佳能的Digital Photo Professional、尼康的View NX、索尼的Firmware等。非专业软件有美图秀秀、光影魔术手等。

### Photoshop

Photoshop简称"PS"，是一个由Adobe 公司开发和发行的图像处理软件。Photoshop主要处理以像素所构成的数字图像，是Adobe公司旗下最为出名的图像处理软件之一。多数人对于Photoshop的了解仅限于"一个很好的图像编辑软件"，并不知道它的诸多应用方面，实际上，Photoshop的应用领域很广泛，在图像、图形、文字、视频、出版等各方面都有涉及。

从功能上看，该软件可分为图像编辑、图像合成、校色调色及特效制作部分等。图像编辑是图像处理的基础，可以对图像做各种变换如放大、缩小、旋转、倾斜、镜像、透视等操作，也可进行复制、去除斑点以及修补、修饰图像的残损等。这在婚纱摄影、人像处理制作中有非常大的用场，去除人像上不满意的部分，进行美化加工，得到让人满意的效果，比摄影前进行化妆处理更方便和经济。

图像合成则是将几幅图像通过图层操作、工具应用合成完整的、传达明确意义的图像，这是美术设计的必经之路。该软件提供的绘图工具让图像素材与创意很好的融合，使图像的合成天衣无缝。

校色调色是该软件中深具威力的功能之一，可方便快捷地对图像的颜色进行明暗、色

图片6-1　PS启动界面

图片6-2　PS工作界面

图片6-3 Adobe Lightroom应用界面

图片6-4 Capture One应用界面

偏的调整和校正，也可在不同颜色中进行切换以满足图像在不同领域如网页设计、印刷、多媒体等方面应用。

特效制作在该软件中主要由滤镜、通道及工具综合应用完成。包括图像的特效创意和特效字的制作，如油画、浮雕、石膏画、素描等常用的传统美术技巧都可由该软件特效完成。而各种特效字的制作更是很多美术设计师热衷于应用该软件的原因。

具体的应用领域有：平面设计、照片修复、广告摄影、包装设计、插画设计、网页设计等。广告摄影作为一种对视觉要求非常严格的工作，其最终成品往往要经过Photoshop的修改才能得到满意的效果。广告的构思与表现形式是密切相关的，有了好的构思接下来则需要通过软件来完成它，而大多数的广告是通过图像合成与特效技术来完成的。通过这些技术手段可以更加准确地表达出广告的主题。

### Lightroom

Lightroom也是来自Adobe公司。Adobe Lightroom软件是一款重要的后期制作工具软件，是当今数字拍摄工作流程中不可或缺的一部分。它可以快速导入、处理、管理和展示图像，其增强的校正工具、强大的组织功能以及灵活的打印选项可以帮助摄影师加快图片后期处理速度，将更多的时间投入拍摄中。

Lightroom 面向数码摄影、图形设计等专业人士和高端用户，支持各种RAW图像，主要用于数码相片的浏览、编辑、整理、打印等。它是一种适合专业摄影师输入、选择、修改和展示大量数字图像的高效率软件，可以使用户花费更少的时间整理和完善照片。它界面干净整洁，可以让用户快速浏览和修改完善照片以及数以千计的图片。

Lightroom与Photoshop有很多相通之处，但二者定位不同，不会取而代之，而且Lightroom也没有Photoshop的很多功能，如选择工具、照片瑕疵修正工具、多文件合成工具、文字工具和滤镜等。同时，Windows版的Lightroom也失去了Mac OS X版的一些功能，如幻灯片背景音乐、照相机和存储卡监测功能、HTML格式幻灯片创建工具等。Adobe收购丹麦数码相片软件公司Pixmantec ApS后，获得了后者面向数码摄像的RawShooter软件，其工作流程管理、处理技术等都已经被整合到Windows版的Lightroom中。

### Capture One

Capture One软件是丹麦Phase One飞思数码后背公司开发的，拥有核心运算技术,作

图片6-5 佳能Digital Photo Professional工作页面

为拍摄支持软件系统后期处理的核心，它是独立的相片编辑软件，可以转换数码相机所拍摄出来的RAW图像格式以及替代相片的处理流程，它是RAW转换过程中的新处理方法。

Capture One拥有四个版本，分别是Capture One Pro（高级专业版本）、Capture One SE（普通版本）、Capture One LE（简化版本）和Capture One DB（提供机背使用，不支持DSLR相机）。

Capture One Pro使用的工作流程采用了很多高级专业数码摄影师的意见，包含的工具和功能都是专业摄影师所需要的，飞思的工作流程在高端数码摄影领域享有盛誉是因为高质量的图像质量和有效的功能。

Capture One Pro拥有无限制批量冲洗功能、多张对比输出功能、色彩曲线编辑、数码信息支持和对数码相机RAW文件支持以及其他的功能。软件可以提供最好的转换质量，工作流程获得了用户的好评，因此，Capture One PRO毫无疑问是RAW转换软件的标准。软件可以提供最好的转换质量，从而解除摄影师的后顾之忧，可以把更多的时间投入在前期拍摄工作中。

### 佳能Digital Photo Professional

佳能Digital Photo Professional，简称DPP，是佳能公司研发的一个图形处理软件，主要是对图片的色差、反差、锐度、裁剪、亮度、白平衡等细微部分进行调整。

DDP的主要特色是快速查看并整理RAW图像、适时调节RAW图像、裁切和调整影像角度、改变图像尺寸、镜头像差校正等。

对业余摄影爱好者来说，如果对影像后期处理的质量要求不高，而且需要简单快速的效果，就可以选择美图秀秀和光影魔术手等处理软件。

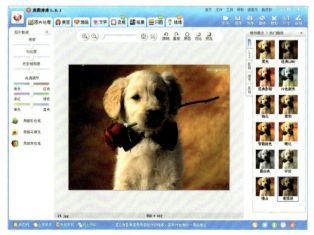

图片6-6 美图秀秀应用界面

图片6-7 美图秀秀软件

### 美图秀秀

美图秀秀是一款很实用的图片处理软件，简单直观易操作，具有独有的图片特效、美容、拼图、场景、边框、饰品等功能。美图秀秀分为九大功能模块：美化、美容、饰品、文字、边框、场景、闪图、娃娃、拼图。每天更新的精选素材，能一键分享到新浪微博、人人网等社交网站。继PC版之后，美图秀秀又推出了iPhone版、Android版、iPad版及网页版，目前美图秀秀在各大软件站的图片类高居榜首，同时在App Store、Android电子市场摄影类长期位居第一。

### 光影魔术手

光影魔术手是一个对数码照片画质进行改善及效果处理的软件。简单、易用，每个人都能制作精美相框、艺术照、专业胶片效果，而且完全免费。不需要任何专业的图像技术，就可以制作出专业胶片摄影的色彩效果，是摄影作品后期处理、图片快速美化、数码照片冲印整理时必备的图像处理软件。

图片6-8　光影魔术手应用界面

但同时也要注意到，它们的这些自动功能对影像质量的损耗非常大，从这些软件中制作出来的图片，通常会默认为比较小的图片格式，只适合于网络传播，如果想打印输出比较大的尺寸，建议选择专业软件。

### RAW

RAW图像是未经数码相机影像处理器进行最终处理而保存下来的图像数据形式。几乎未经压缩，也完全没进行各种处理，与记录拍摄时"用户的相机设置信息"数据一同保存下来。要查看或处理RAW图像需要专业的RAW显像的软件。所谓RAW显像，是指决定RAW图像最终的图像处理条件、色彩处理以及压缩率等之后，将其转变为具有较高通用性的图像数据。换而言之，RAW显像就是对

图片6-9　RAW软件调整界面

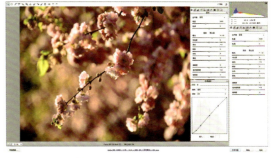

图片6-10　RAW软件调整界面

尚未经过最终图像处理的RAW图像进行最终处理的过程。因此，与经过再处理（对已完成最终图像处理的图像进行二次处理）的图像相比，其画质劣化较少。即使对色彩和亮度进行大胆调节也无须担心画质降低。对RAW图像的操作其实比很多人想象的简单得多，它是一种相当方便的图像形式。

专业摄影师在使用数码相机拍摄时会选择RAW图像，是因为他们了解RAW图像的便捷性。使用RAW拍摄后，细微的调节项目可通过专用软件在RAW显像时轻松完成。拍摄时就可将注意力集中到快门时机与对焦等只有拍摄时才能实现的要素上，从而提升作品的质量。对希望提高作品质量的摄影发烧友或专业摄影师来说，RAW是相当方便的图像数据存储形式。

## 6.2 照片尺寸大小调整

### 6.2.1 照片的裁剪

在平时的拍摄过程中，经常会由于所处拍摄位置的不佳或者镜头的焦距有限，导致很难拍到满意的构图，但这时可以通过软件的后期处理来实现精准的构图。在Photoshop中，裁切工具不属于绘图工具，对它最通俗的理解就是一把裁刀，将图像不需要的部分切去。

**基本调整**

下面这幅作品，由于镜头焦段的原因，微距拍摄不能再拉近画面，导致从画面上看，

图片6-11　图片调整前后对比图　　　　　　　图片6-12　拖出选框

图片6-13　确定位置　　　　　　　　　　　　图片6-14　最终效果

有点空而缺少主次，在构图上存在些许不完美，为了达到最完美的效果，可对画面进行裁剪。

打开Photoshop软件，将照片拖进其工作界面，选择左边的裁切工具，在照片内点击并拖出裁剪框，将被裁剪掉的区域会变暗。

调整好裁剪框之后，在该边框外移动光标就能够旋转它，只要点击并拖动，裁剪框就会沿着拖动的方向旋转。

调整好裁切的位置和大小后，双击鼠标左键或者按键盘回车键裁剪图像。

**辅助线调整**

当我们进行风光摄影或者建筑摄影时，会遇到建筑本身的直线和地平线的问题，在手持相机拍摄的情况下，很难拍准直线条或者竖线条，那么这也需要我们后期通过软件的辅助来进行调整。

下面这幅作品由于手持拍摄，确定不了水平线的位置，导致水平线上有一定的偏差和倾斜，并且构图上前景面积过大，要使画面更加集中，需要进行后期处理。

打开PS，将图片导入软件界面，点击上方菜单中的"视图"，选择"标尺"。

利用标尺的横线和竖线作为坐标，检验画面的地平线的角度。如果角度有偏差，就利用裁剪范围中的边线，通过调整角度，让其中一条边与地平直线重合，再移动选框，选取合适的取景范围。

选取合适的构图，双击鼠标左键或者按下键盘的回车键裁剪图像。

图片6-15 图片调整前后对比图

调整前

调整后

图片6-16 调整标尺线

图片6-17 拖出选框确定平行线

图片6-18 最终效果

图片6-19 裁切工具指定尺寸设置区

图片6-20 输入指定尺寸

图片6-21 按比例选取画面

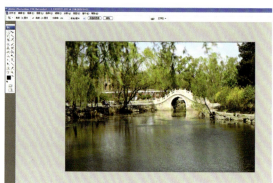

图片6-22 最终效果

**按指定尺寸裁剪图像**

在后期处理中，如果要得到图像的标准尺寸，下面的技术就可以把照片裁切到想要的大小。

如果相片的原始尺寸是 60×40 cm，分辨率是300dpi，想把它变成 30×20cm，分辨率是150dpi，具体操作如下图：

打开PS，将图像导入PS操作页面，点击左边的裁剪工具，在选项栏的左边会有宽度、高度和分辨率设置栏。输入宽度大小和单位（英寸、厘米、毫米等）、高度大小和单位，再输入分辨率的大小和单位（像素/英寸、像素/厘米）。

用裁剪工具在图像内点击，并拖出一个裁剪框，拖动时边框会被约束为所选尺寸比例状态，无论选多大的区域，尺寸都是30×20cm。

裁剪框显示在屏幕后，可以把光标移到画面内来重新定位裁剪框，也可以拖动边框的位置，或者是用键盘上的箭头按键更准确地控制边框位置。当裁剪框移动到位后，按回车键完成裁剪。裁剪区域就变成了指定的30×20cm，分辨率为150dpi。

### 6.2.2 调整数码照片的尺寸

数码相机的像素越来越高，照片尺寸也越来越大。在一般拍摄的时候，我们都会使用数码相机的最大尺寸进行拍摄，照片的像素越高，尺寸越大，成像质量就越好。但有时候在使用的时候往往不需要这么大的尺寸，比如进行网络传播的时候，微博300K左右就够了，微信也不需要太大的尺寸，照片尺寸太大会影响上传速度和阅读速度。这就需要我们

图片6-23 选取图像大小

图片6-24 调整尺寸和分辨率

在使用前对照片尺寸进行调整，以达到我们所需要的大小。前面我们所说的用裁剪的方式改变大小，也是方法之一，如果是比较理想的照片，不需要裁剪的话，可以通过直接调整照片的尺寸大小来完成这个工作。如果我们要把一张10M的JPG图像变成一张300K的照片时，我们可以采用下面的操作方法：

打开PS，将图像导入PS操作页面，点击上方菜单中"图像"，选择"图像大小"。这时会弹出一个选择框，上面会显示实时图像的像素大小和尺寸、分辨率。我们有几个选择，都可以得到同样的结果，一是调整像素的宽度和高度；二是调整文档的宽度和高度；三是调整分辨率的高低。我们可以根据实际需要在这三个选项中做出调整。

在弹出的框的下面有三个选项："缩放样式"、"约束比例"、"重定图像像素"。如果都不打勾，不能调整大小，只能调整照片的比例，整体像素不变；选中"重定图像像素"，所有的数据都可以随意变化，可以不按比例变化；选中"约束比例"、"重定图像像素"，与全部选中的效果基本是一样的，总体比例不变，但尺寸和分辨率可以变化。

最简单的方式是全部选中下面的三项，我们可以把像素设置为72点，这个数是一般彩色照片色彩分辨率的最佳容量的最小值。把宽度设置成30cm，高度会自动按比例变成20cm。另外，这里面的像素调整和文档调整是相互影响的，任何一方有变动，另外一方也会相应变动。

图片6-25 都不选取，不能调整大小，只能调整照片的比例，整体像素不变

图片6-26 选中"重定图像像素"，所有的数据都可以随意变化，可以不按比例变化

图片6-27 选中"约束比例"、"重定图像像素"与全部选中的效果基本相同，总体比例不变，但尺寸和分辨率可以变化

图片6-28　设置照片尺寸大小与分辨率

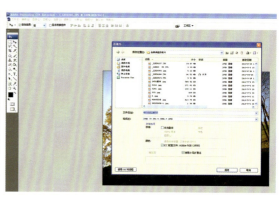

图片6-29　设置照片格式与储存路径

调整完成后点击"确定",图像自动会生产之前设置的大小。选择菜单中"文件",选择"存储为",这时会弹出一个储存的窗口,可以选择一个另外文件夹或者重新命名来储存改小了的图片。此时下面有个图片格式的选择,如果是普通用途的话,就选择JPEG格式;如果是印刷出版的话,可以选择TIFF。

当点击保存的时候,会弹出一个JPEG选项的窗口,这时计算机已经算出照片最后的形成JPEG文件的大小。如果觉得文件大小不合适,还可以

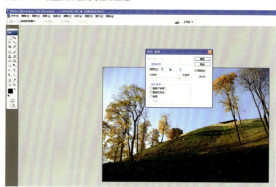

图片6-30　调整照片的品质高低也能调整照片大小

调小,通过调整品质高低来确定图像质量的大小。如果需要300K大小的图片而现在是630K,可以把照片品质调整到9,这时的显示为293K,离最终想要的结果基本接近,点击"确定"就可以了。

### 6.2.3　PS的文件格式

在PS储存过程中,会有文件格式的选择。下面介绍一下各个名称的主要功能和特色。一般常用的格式为:PSD、TIFF、JPEG。

PSD:Photoshop默认保存的文件格式,可以保留所有图层、色版、通道、蒙版、路径、未栅格化文字以及图层样式等,但无法保存文件的操作历史记录。Adobe其他软件产品,如Premiere、Indesign、Illustrator等可以直接导入PSD文件。

PSB(Photoshop Big):最高可保存长度和宽度不超过300000像素的图像文件,此格式用于文件大小超过2 Giga Bytes的文件,但只能在新版Photoshop中打开,其他软件以及旧版Photoshop不支持。

PDD(Photo Deluxe Document):此格式只用来支持Photo Deluxe的功能。Photo Deluxe现已停止开发。

RAW:Photoshop RAW具Alpha通道的RGB、CMYK和灰度模式,以及没有Alpha通道的Lab、多通道、索引和双色调模式。

BMP:BMP是Windows操作系统专有的图像格式,用于保存位图文件,最高可处理24位图像,支持位图、灰度、索引和RGB模式,但不支持Alpha通道。

GIF：GIF格式因其采用LZW无损压缩方式并且支持透明背景和动画，被广泛运用于网络中。

EPS：EPS是用于Postscript打印机上输出图像的文件格式，大多数图像处理软件都支持该格式。EPS格式能同时包含位图图像和矢量图形，并支持位图、灰度、索引、Lab、双色调、RGB以及CMYK。

PDF：便携文档格式PDF支持索引、灰度、位图、RGB、CMYK以及Lab模式。具有文档搜索和导航功能，同样支持位图和矢量。

PNG：PNG作为GIF的替代品，可以无损压缩图像，并最高支持244位图像并产生无锯齿状的透明度。但一些旧版浏览器（如IE5）不支持PNG格式。

TIFF：TIFF作为通用文件格式，绝大多数绘画软件、图像编辑软件以及排版软件都支持该格式，并且扫描仪也支持导出该格式的文件。

JPEG：JPEG和JPG一样是一种采用有损压缩方式的文件格式，JPEG支持位图、索引、灰度和RGB模式，但不支持Alpha通道。

## 6.3 照片颜色调整与黑白照片制作

### 6.3.1 照片明暗的调整

拍摄过程中使用自动曝光时，会遇到自动测光出现偏差，或者曝光补偿不到位导致曝光不足或曝光过度的现象。这就需要通过后期的调整来还原正确的曝光。

在PS中，调整曝光的方式有好几种，可以通过色阶、亮度/对比度、阴影/高光、曝光度等方式来调节，计算方式不一样，但效果都是可以达到调整曝光度的目的。下面介绍一下简单和常用的几种调整方式。

打开Photoshop软件，将照片拖进PS的工作界面，在菜单中点击"图像"，选择"调整"，再选择"色阶"，就会弹出一个"色阶"的窗口，窗口中的直方图显示的是现在照片的曝光状态，我们可以分别左右移动直方图下面的三个三角形来了解它们的具体功能。最左边的是黑场，代表的是影像的暗部颜色；最右边的是白场，代表的是最亮的颜色；中间的三角形是中间色调灰色调。根据现在提供的图像，是属于曝光有点不足的照片，我们可以通过把右边的三角形往中间移动，白场往中间移动，增加画面的亮度。根据视觉的需

图片6-31　选择界面　　　　　　　　　　图片6-32　手动调整色阶来调整曝光

求调整完毕后,画面的曝光就正常了。另外,右下角的三个吸管也可以调节画面,吸管中左边的是选择最深的颜色作为黑场,中间的吸管选择灰颜色,右边的吸管选择最亮的颜色作为白场,这三个吸管分别可以调整整个画面的颜色。

"自动色阶"、"自动对比度"、"自动颜色"都可以调整照片的曝光,只是指向性不一样,调节出来的效果也有所偏差。"自动色阶"是只调整曝光度;"自动对比度"是调整曝光度和对比度;"自动颜色"是调整曝光度和颜色。

图片6-33 "自动色阶"调整曝光度

图片6-34 "自动对比度"调整曝光和对比度

图片6-35 "自动颜色"调整曝光度和色彩

"曲线"是专业摄影师比较常用的一个工具,方便而且快捷。但对初学者来说,要想控制它,还有一定难度的,因为牵涉直方图的读法。"曲线"既可以调整局部的颜色,也可以调整个画面的颜色。

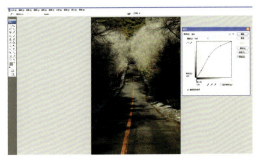
图片6-36 "曲线"的调整

"亮度/对比度"可以既调整亮度,又调整对比度和反差,在图片的后期调整中用得比较多。

"曝光度"的调节和"色阶"的调节差不多,利用右下角的三个吸管也可以调整,最左边的可以吸取最深颜色的暗部,中间的吸取灰颜色,最右边的吸取最亮的地方,任何一个吸取方式都可以改变整个画面的曝光度。

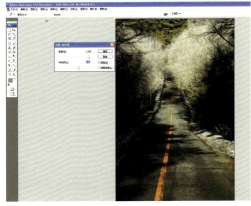
图片6-37 "亮度/对比度"的调整

图片6-38 "曝光度"调节曝光度

## 6.3.2 照片颜色的调整

在PS软件，照片颜色调整的方式也有很多种，比如"色彩平衡"、"色相/饱和度"、"匹配颜色"、"替换颜色"、"可选颜色"、"照片滤镜"等。下面重点介绍比较常用的"色彩平衡"与"色相饱和度"。

图片6-39 "色彩平衡"调整

调整前

调整后

图片6-40 调整前后对比

打开Photoshop，将照片拖进PS的工作界面，在菜单中点击"图像"、选择"调整"，再选择"色彩平衡"。这时会弹出"色彩平衡"的对话框，里面有"色彩平衡"和"色调平衡"的选择，上面是颜色的选择，下面是色调区域的选择。颜色中有青色和红色的平衡、洋红和绿色的平衡、黄色和蓝色的平衡；色调中有阴影、中间调和高光的选择。

我们首先选定要进行色彩调整的区域，范围最大的一般都是中间调，然后在"色彩平衡"中去调整所需要的颜色效果。"色彩平衡"只能改变色调，不能改变色彩。

图片6-41 "色相/饱和度"来调整照片

"色相/饱和度"是很多专业摄影师后期处理的必用工具，点开对话框后，里面有一个"编辑"选项和三个固定选项。"编辑"一栏中，可以选择全部、红色、黄色、绿色、青色、蓝色、洋红等选项。选中其中一个选项后，再进入"色相"、"饱和度"、"明度"中去调

调整前

调整后

图片6-42 调整前后对比图

177

整，这些调整都是细微调整，选中一个颜色在调整的时候，其他颜色都不会受其影响，选择"全部"除外。

### 6.3.3 黑白照片的制作

在传统的胶片摄影时代，摄影在选择拍摄题材的时候经常会因为胶卷性质的原因，错过很多美好的画面。比如说相机里装了一卷彩色胶卷，如果看到一个画面很适合用黑白照片来表现，这时要么放弃，要么拍摄成彩色的，但有的时候色彩过多会削弱影像的表现力。还有一种方式就是携带两台相机，一台拍摄彩色，一台拍摄黑白。

数码时代的来临让这一切问题都得到了解决，特别是现在强大的数码后期制作，让一切都变得便利。我们可以在照片拍摄的同时，直接把拍摄模式设置成黑白照片模式，或者拍摄成彩色照片，再到后期处理软件中自己调整成为满意的黑白照片。后期制作中把彩色照片变成黑白照片的方式有好几种，我们学习一下最简单实用的方式。下面我们以彩色照片为例，制作一张黑白照片。

打开Photoshop软件，将照片拖进PS的工作界面，在菜单中点击"图像"，选择"调整"，再选择"黑白"或者"去色"。在PS CS3以后的软件中，都添加了"黑白"这个功能。

选择"黑白"或者"去色"，都能把彩色照片转变成黑白照片，但转变的方式不一样。直接选"去色"，照片里面的黑白灰关系和颜色的明度不会有什么改变，直接变成黑白，只能进行简单的明暗调整，不能进行细微的色调调整。选择"黑白"，将会弹出一个颜色细节调整的对话框。

在"黑白"选取框内，我们可以根据彩色照片中的颜色，来调整画面的反差，或者说是所在颜色的明暗程度，可以挨个调整，直到整个黑白照片的反差和色调满意为止。然后点击"确定"，再保存。

比较一下这两种方式的区别，黑白法明显优于去色法，虽然步骤上多了几步，但照片的反差和层次都要丰富些。

图片6-43 选择界面

图片6-44 选择"去色"，直接变成黑白

图片6-45 选择"黑白",直接变成黑白,但弹出一个对话框可以细微调整色调

图片6-46 通过对彩色画面颜色的调整来调整黑白画面的反差

## 6.4 移除杂物与污点修复
### 6.4.1 移除杂物

在拍摄过程中,背景中的杂物和一些抢镜的人是常见的。比如在景区拍摄留念照时,背景中的电线杆或者突然闯入的行人等都会影响照片的质量。这时候就需要PS的后期处理来美化照片,过程也并不复杂。具体可以根据杂物多少选择合适的修复工具,杂物较小的可以直接用"污点修复画笔"工具去掉,杂物稍大的可以考虑用"仿制图章"工具修复。随着PS的不断更新,修复过程也越来越简单。

图片6-47 两种方式的比较

**消除图片画面中不需要的人物**

首先把照片导入PS中,移除杂物的工具和方法有好几种,下面介绍一种比较简单易学的方式,使用和画画一样的"仿制图章"工具。图片6-48中是一群大学生在一起聊天,画面的远处也有些同学在那里休息。从整个画面的效果来看,远处的同学出现在画面中,导致了画面视觉的分散,我们要想办法移除掉,使画面效果看上去更加集中。

图片6-48 把照片导入PS中

图片6-49 单个、局部修复

图片6-50 建立选取图层，方便局部的调整

图片6-51 细节修复

修复前

修复后

图片6-52 修复前后对比

我们把图片放大，从局部开始利用"仿制图章"工具，复制后面人物附件的草地来替代，使整个背景成为一个整体。

在操作中，也可以选取所修复区域，新建图层，在单个图层上修复，这样如果出现问题也能及时解决。

对于一些细节地方的修复，应将图片放大到能看清每一个像素点，然后在像素点中填入颜色，这样修复出来的照片才真实、自然。

**消除画面中的部分杂物**

把照片导入PS中，首先我们观察照片中有什么东西需要修改，图片6-53这幅照片，整体感觉不错，就是画面中的水上有点漂浮物，让人感觉不是特别舒服，有种污水没处理好的感觉，那么下面这些"污水"归我们来处理吧。

图片6-53 选择修复工具

图片6-54 修复过程：利用"仿制图章"工具修复水中的漂浮物

图片6-55 修复前后对比

**消除建筑物中的杂物**

我们在拍摄建筑物的时候，特别是城市风景时，常遇到电线从画面中穿过的现象，但为了拍摄到最好的角度，电线是无法避开的，最终我们只有通过后期来处理这些问题。

首先将照片导入PS中，选择好画面中需要处理的电线。处理的方式同样有很多种，可以选择"仿制图章"、"修补"、"橡皮擦"等工具等来处理它们，也可以综合使用。

处理天空中的电线时，可以用"修补工具"，因为这样能少留下痕迹。

在处理建筑物内部的电线时，要放大图像到能看见像素点，然后填充颜色，使附近画面中的颜色统一，同时也可以按照需求调整画笔的大小。

图片6-56 选择修复内容    图片6-59 调整前后对比

图片6-57 选择修复工具    图片6-58 调整修复工具大小

### 6.4.2 污点修复

污点修复和前面的移除杂物是一样的处理方式,只是处理画面的内容不一样。污点修复多用于人像的修复,比如人脸上的青春痘、疤痕等。在平时的人像摄影中应用得比较多。

当我们拍摄一张人像作品或者被别人拍摄自己的时候,如果发现皮肤不好,有两种方式可以掩盖,一是化妆师帮你搞定,二是后期处理帮你搞定,对于大多数人来说都是选择后者。

打开一张旅行时拍摄的照片,发现对自己的皮肤不满意,那就后期来处理吧。先把照片导入PS中,放大图像,分析要处理的部位,选择修复工具。我们可以选择"污点修复画笔"工具、"修复画笔"工具、"修补"工具、"红眼"工具其中一项进行修复。

"污点修复画笔工具"是一个自动工具,点击所选择的画笔区域,会自动修复

图片6-60　打开图像

图片6-61　选择修复工具

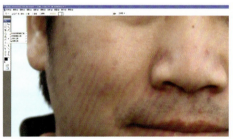

图片6-62　正在修复

图片6-63　修复前后对比

所选区域。"修复画笔"工具跟"仿制图章"工具一样,根据所选择的区域进行修复,精确度更高。"修复"工具是手动选择修复区域和面积,可以是"源",也可以是"目标"。"红眼修复"工具是专门针对于数码相机闪光灯拍摄时测光留下的"红眼"效果。

下面我们可以综合以上工具来进行污点修复。

根据画面效果来整体调整颜色和色调,调整完成后整个修复过程就结束了。

## 6.5 透视调整与自动接片

### 6.5.1 透视调整

在拍摄建筑物的时候经常会遇到这种情况,明明构图是完整的,角度是正的,但拍出来却是下面大上面小的结果。这就是透视的原因。怎样才能消除这种近大远小的关系?我们有两个选择,一种是利用移轴镜头拍摄,消除透视关系,但移轴镜头一般价格不菲,只有专门从事建筑摄影的摄影师才会购买和使用;另一种方式就是利用后期的软

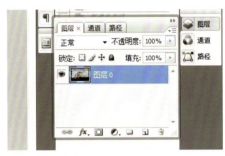

图片6-64 解锁背景图层

图片6-65 将图片解锁,建立新图层

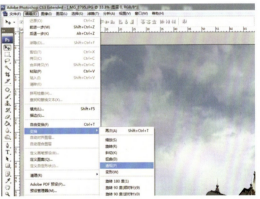

图片6-66 选择变换透视

图片6-67 利用辅助线来参考

图片6-68 裁剪画面

调整前　　　　　　　　　　　　　　　　调整后

图片6-69　调整前后比较

件，把透视调整到位。我们一般都选择后者。

在拍摄建筑物的时候，构图要尽量多预留一点空间，不要太饱满，要不然后期调整的时候就没有余地了。

打开Photoshop软件，将照片拖进PS的工作界面，在导入文件后文件是被锁定的。先解开锁定，点击右侧"图层"，在照片背景的右边有一把锁，双击这个锁的位置，可得到一个新的图层。

在菜单中点击"编辑"—"变换"—"透视"。这时候画面边缘会出现一个外框，点击这个角上的点，进行透视调整。这个画面需要调整上面的透视关系，选择上面左右两边的点来进行调整，调整的方式是点中角上的点，左右移动。在调整过程中还可以利用辅助线来参照。

最后调整结束，根据画面的需求裁剪画面，等到一个完整的新画面。另外，在"变换"中，还可以选择"缩放"、"旋转"、"斜切"、"扭曲"、"变形"等功能。

### 6.5.2 自动接片

在没有数码后期的时代，拍摄长画幅的照片是一个很奢侈的事情，比如就购买一台宽画幅的相机，如林好夫617。但现在不用这么奢侈了，只要把想要表现的场景、素材按要求拍摄好，导入PS中，片刻就可以完成这个效果。

在拍摄素材的时候，一定要沿着水平线移动拍摄，如果每张照片拍摄高度起伏不定，就很难接上。一般会使用三脚架来辅助拍摄，利用三脚架的水平移动，可以把照片拍摄在同一水平面上。当我们把素材准备好的时候，单独存放在一个文件夹里，这样就可以开始后期接片了。

打开Photoshop软件，点击菜单中的"文件"—"自动"—"Photo merge"，会自动弹出一个对话框。

对话框的左边有五个选项："自动"、"透视"、"圆柱"、"仅调整位置"、"互动版面"。选择"自动"，点击"浏览"，找到所存素材的文件夹，选取所需要的素材照片，点击"打开"，在照片合并中点击"确定"。

照片导入后要通过计算机进行一定时间的计算，图片越大，计算时间越长。如果最后展示的照片不需要很大尺寸，建议在素材中改小图片尺寸，这样有利于提高电脑的运转速度。如果电脑配置较低而图片较大，容易出现死机现象。计算机经过几分钟的运转，会形成一个原始的效果图。如果确定了图像没有对接不上的问题，就可以在菜单中选择"图层"、"合并可见图层"，这样我们就能在一个图层中去裁剪画面。最终通过裁剪，得到一幅满意的风光作品。

图片6-70 选择"Photo merge"

图片6-71 选择素材

图片6-72 合并出初步的效果图

图片6-73 裁剪画面

图片6-74 最终效果 八达岭长城 摄影：吕不

八达岭长城　摄影：吕不

陆 / 锦上添花——后期处理篇

187

# 参考资料

雷依里，郑毅. 单反摄影宝典. 北京：中国水利水电出版社，2012.
邵大浪. 摄影基础. 北京：高等教育出版社，2009.
周家群. 摄影艺术论. 北京：中国财政经济出版社，2004.
唐东平. 摄影作品分析. 杭州：浙江摄影出版社，2010.
M·兰福德. 世界摄影史话. 谢汉俊，译. 北京：中国摄影出版社，1986.
Donald Alexander Sheff. 美国纽约摄影学院摄影教材. 李之聪，李孝贤，魏学礼，俞士忠，译. 北京：中国摄影出版社，2000.
黎大志. 跨界. 长沙：湖南师范大学出版社，2010.


百度百科　　　　　www.baidu.com
谷歌网　　　　　　www.google.com.hk
蜂鸟网　　　　　　www.fengniao.com
色影无忌网　　　　www.xitrk.com

# 后 记 /

  本书由我和我的研究生吕不同学合作编著。本人负责全书框架设计、摄影理论编写、部分作品说明和全书内容审核把关，吕不同学承担全书摄影技法、操作指南编写及作品选用与说明等大量基础性工作。

  在写作过程中得到了诸多良师益友的帮助，特别是湖南师范大学美术学院副教授吴余青博士，在本书多次修改过程中，他以一个设计师的艺术视角对本书的内容与案例提出了中肯的意见与看法，提供手机摄影作品，并对书籍进行整体设计，在此表示诚挚谢意。

  同时要感谢为本书提供了摄影作品的摄影界朋友刘韧、杨怡、孔祥哲，以及湖南师范大学美术学院艺术设计学摄影方向研究生徐思文、谈理、蒋小宇、朱彬；感谢研究生杨鎏、彭怡轩对本书进行精心的版式设计，研究生张策、周佳瑾、徐梦琳、丁玮、曹舒琴、胡晓蓓、罗溪溪、荣荔同学花费了大量的业余时间参与核对部分章节的文字工作。本书在撰写、设计、出版过程中，得到了苏州大学出版社的编辑薛华强先生、吴钰先生的热诚帮助与鼓励，以及苏州大学出版社所做出的创造性的工作和大力支持，在此一并深表感谢！

黎大志<br>2013年10月于湖南师范大学

作者简介

**黎大志**

博士，二级教授，湖南师范大学副校长，湖南师范大学高等教育学博士生导师，艺术与设计学摄影方向硕士生导师、博生导师，享受国务院特殊津贴专家；湖南非物质文化遗产研究与发展中心主任，中国摄影家协会会员，湖南省高校摄影学会会长。擅长艺术摄影创作，作品多次在国家级、省部级摄影比赛和影展活动中得奖或入选；在《光明日报》《中国摄影》《中国摄影报》《大众摄影》《艺术中国》等国家级、省级杂志上发表摄影作品和学术论文。2010年举办《跨界》个人摄影展，出版个人摄影作品专集《跨界》。

**吕　不**

职业摄影师，湖南师范大学讲师，中国高等教育学会摄影教育专业委员会理事，湖南省高校摄影学会青年委员会主任，湖南省青年摄影家协会理事。本科毕业于中央美术学院摄影专业，研究生结业于中央美术学院摄影艺术研究专业硕士研究生课程班，湖南师范大学摄影方向硕士研究生毕业。国家重大项目指定摄影师，曾多次参与奥运会、世博会和国家重大会议、活动的官方记录拍摄。